基础前沿科学史丛书

给青少年讲 脑科学

闫天翼 著

清华大学出版社

北 京

图书在版编目（CIP）数据

给青少年讲脑科学 / 闫天翼著. — 北京：清华大学出版社，2022.10
（基础前沿科学史丛书）
ISBN 978-7-302-62004-4

Ⅰ．①给…　Ⅱ．①闫…　Ⅲ．①脑科学—青少年读物　Ⅳ．①Q983-49

中国版本图书馆CIP数据核字（2022）第187031号

责任编辑：刘　杨
封面设计：意匠文化·丁奔亮
责任校对：王淑云
责任印制：宋　林

出版发行：清华大学出版社
　　　　　网　　　址：http://www.tup.com.cn, http://www.wqbook.com
　　　　　地　　　址：北京清华大学学研大厦A座　　邮　　编：100084
　　　　　社 总 机：010-83470000　　　　　　　　邮　　购：010-62786544
　　　　　投稿与读者服务：010-62776969, c-service@tup.tsinghua.edu.cn
　　　　　质量反馈：010-62772015, zhiliang@tup.tsinghua.edu.cn
印 装 者：三河市龙大印装有限公司
经　　销：全国新华书店
开　　本：165mm×235mm　　印　　张：10.25　　字　　数：111千字
版　　次：2022年12月第1版　　　　　　　　　印　　次：2022年12月第1次印刷
定　　价：55.00元

产品编号：097619-01

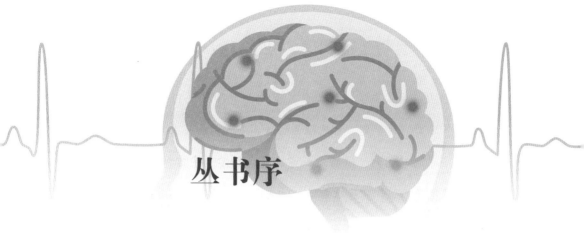

丛书序

给面向青少年的科普出版点一把新火

2022年是《中华人民共和国科普法》通过的第20年，在这样一个对科普工作意义不凡的年份，由北京市科学技术委员会（以下简称市科委）发起，清华大学出版社组织的"基础前沿科学史丛书"正式出版了。这套书给面向青少年的科普出版点了一把新火。

2022年9月4日，中共中央办公厅、国务院办公厅印发《关于新时代进一步加强科学技术普及工作的意见》，进一步强调"科学技术普及是国家和社会普及科学技术知识、弘扬科学精神、传播科学思想、倡导科学方法的活动，是实现创新发展的重要基础性工作"。科学技术普及是科技知识、科学精神、科学思想、科学方法的薪火相传——是"薪火"，也是"新火"。

市科委搭台，出版社唱戏，这套书给面向青少年的科普图书出版模式点了一把新火。市科委于2021年11月发布了"创作出版'基础前沿科学史'系列精品科普图书"的招标公告，明确要求中标方在一年的时间内，以物质科学、生命科学、宇宙科学、脑科学、量子科学为主题，组织"基础前沿科学史"系列精品科普图书（共5册）出版工作；同步设计制作科普电子书；通过网络媒体对图书进行宣传推广等服务内容。这些服务内容以融合出版为基础，以社会效益为初心。服务内容的短短几句话，每一句背后都是特别繁复的工作内容。想在一年的时间内，尤其是在2022年新冠肺炎疫情期间，完成这些工作的难度可想而知，然而秉承"自强不息，厚德载物"的清华大学出版社的出版团队做到了。

中国科学家，讲好中国故事，这套书给面向青少年的科普图书选题内容点了一把新火。中国特色社会主义进入新时代，新一轮科技革命和产业变革正在深入发展，基础前沿科学改变着人们的生产生活方式及思维模式。《中华人民共和国国民经济和社会发展第十四个五年规划和2035年远景目标纲要》提出：在事关国家安全和发展全局的基础核心领域，制定实施战略性科学计划和科学工程。物质科学、生命科学、宇宙科学、脑科学、量子科学等领域，迫切需要更多人才参与研究，而前沿科学人才的建设培养，要从青少年抓起。这5本书的作者都是中国本土从事相关专业领域工作的科学家，这5本书都是他们依托自己工作进行的原创性工作。虽然内容必然涉及科学史的内容，但中国科学家尤其是近些年的贡献也得到了充分展示。

初心教育，润物无声，这套书给面向青少年的科普图书科普创作点了一把新火。习近平总书记提出：科技创新、科学普及是实现创新发展的两翼，要把科学普及放在与科技创新同等重要的位置。因此，针对前沿科技领域知识的科普成为重点。如何创作广受青少年欢迎的优秀科普图书，充分发挥科普图书的媒介作用，帮助青少年树立投身前沿科学领域的梦想，是当前科普出版工作的重点之一，这对具体的科普创作方法提出了要求。这套书，看得出来在创作之初即统一了整体创作思路，在作者进行具体创作时又保持了自己的语言习惯和科普风格。这套书充分体现了，面向青少年的科普图书创作，应该循序渐进，张弛有度，绘声绘色，娓娓道来，以科学家的故事吸引他们，温故科学家的研究之路，知新科学家的科研理念，以科学精神润物细无声。

靡不有初，鲜克有终。2022年10月16日，习近平总书记在中国共产党第二十次全国代表大会报告中强调"教育、科技、人才是全面建设社会主义现代化国家的基础性、战略性支撑"。且将新火试新茶，诗酒趁年华。希望清华大学出版社的这套"基础前沿科学史丛书"为广大青少年推开科学技术事业的一扇门，帮助他们系好投身科学技术事业的第一粒扣子，在全面建设社会主义现代化强国的新征程上行稳致远。

中国工程院院士

清华大学教授

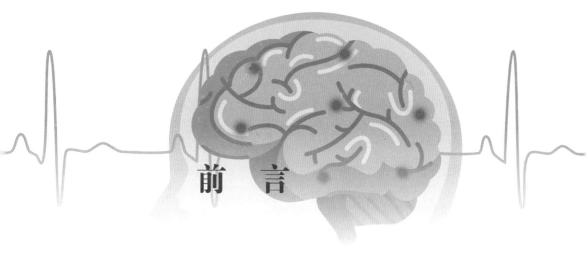

前　言

欢迎来到大脑的世界！

"大脑是你最重要的器官"——这是由大脑告诉你的。

我们为什么会认识苹果？为什么会知道口渴？是什么让我们保持思考和学习？又为什么我们会有喜、怒、哀、惧、爱、恶这些情绪与情感？各位同学有没有思考过这些问题呢？

人类从很久之前就开始关注"大脑"了。无论是西方还是中国，起初人们都将心脏视为记忆和思考的器官，这种认知一直到古希腊时代才逐渐改变。公元前4世纪，古希腊时代的先哲认为"思维、情感、智慧皆来自于大脑，大脑参与对环境的感知"。1795年，人们才确定人类的思维来自大脑。到了18世纪末，随着对人体的进一步探索和科技的发展，人类对大脑的大体解剖已经有了较为细致的描述，这奠定了"不同脑功能定位于不同的脑回"的理论基础，为脑功能定位研究开创了新时代。当时间来到20世纪，科学家发现，尽管特定的大脑区域负责某项独立的功能，但这些区域组成的网络以及它们之间的相互作用才是人类表现出整体、综合行为的原因，即大脑是一个活跃的、动态的系统。进入21世纪以来，脑科学研究呈现大发展的态势。科学家们以"脑探知、脑保护和脑创造"为目的，通过脑成像学、分子生物学、解剖生理学等研究方法，从已知的宏观层面进入介观层面再到微观层面，认识和了解大脑的结构和功能，进而开发和模拟大脑，实现创造和融合大脑。

脑是人体最复杂的器官，是人体一切行为、思维、决策和感觉的司令部。然而，目前人类对大脑的了解尚处于初级阶段。更好地了解大脑的构造和功能，对教育、医疗乃至人类发展意义重大。正是基于那些来自医疗、科研和技术的需求，人类脑计划应运而生。自2013年起，美国、欧洲、日本相继启动各自大型脑科学计划，全球参与脑计划的国家数量不断增加，它不仅仅是科技发展的信号，更代表了全球化科研资源的整合。中国于2021年正式启动了"脑科学与类脑科学研究"，即"中国脑计划"，提出了"一体两翼"战略，即以研究脑认知的神经原理为"主体"，以研发脑重大疾病诊治新手段和脑机智能新技术为"两翼"。"十三五"规划提出强化脑与认知等基础前沿科学研究，将脑科学与类脑研究纳入"科技创新2030——重大项目"；"十四五"规划则明确提出瞄准脑科学等前沿领域。脑科学作为我国一个相对较新的研究方向，目前正处于积极发展阶段，此前全球已实施脑计划的经验和教训对我国进行脑计划也有所帮助。时至今日，理解脑的工作机制，对于重大脑疾病的早期预防、诊断和治疗，人脑功能的开发和模拟，创造以数值计算为基础的类脑智能，以及抢占国际竞争的技术制高点具有重要意义。相信在全球各具特色的脑计划共同协作下，人类对脑和疾病的认知将不断深入，并从中寻找到更为广泛的应用价值。

其实早在20年前读大学本科期间，我就对心理学非常感兴趣，但那时接触到的书籍更多的是在介绍脑的心理或生理基础，理论性很强，直白又枯燥。本科毕业之后，我选择继续攻读硕士和博士学位，在此期间，我接触了脑电、核磁等大脑信息解码技术，了解到大脑的编码、信息处理，甚至记忆与情感都可能被量化，想象与梦境都可能被再现……这使我笃定信念，要从事这个被科学界视为"皇冠上的明珠"的科研领域。经过了近20年的学习与研究、教学与实践，我越来越深入地认识到了脑科学的奇妙之处，也深知脑科学的探索需要几代人甚至几十代人共同努力，而我们也终将在不断进行的脑科学探索中推动人类科学与文明的进步。

面向脑科学的国际研究前沿，国家在脑基础科学、脑机智能等领域的重大需求，在生物医学工程、机械工程和计算机科学及其交叉领域，我所在的北京理工大学研究团队正在进行相关创新性基础和应用研究，培养领域内高精尖人才。我本人的研究领域所在学科方向为脑科学与神经工程，以脑基础科学、脑机智能技术研究为主线，涉及脑机制、脑模拟、脑康复领域的理论研究和仪器设备研发等工作。

在国家大力支持脑科学与类脑研究的背景下，越来越多的研究人员和团队加入到脑科学研究的浪潮中。本书整理和借鉴了前人的部分研究成果，结合笔者多年的研究经验，主要介绍了大脑研究的发展历程，大脑的基础知识，以及脑科学在实际生活中的应用。为了兼顾趣味性和科学性，本书使用了类比手法，将大脑的知识变成了大家在实际生活中的所见所闻，既可以激发青少年的阅读兴趣，同时还能掌握相关的科学知识。

青少年是祖国的未来，希望这本书可以让广大青少年更加客观地了解大脑、认识大脑、理解大脑，激发青少年对脑科学研究的热情，新一代的脑科学研究力量可能就来自于各位热爱脑科学的同学们。最后，由于本人能力有限，难免存在缺点和不足之处，祈望读者批评指正。祝阅读和学习愉快！

闫天翼

2022.11

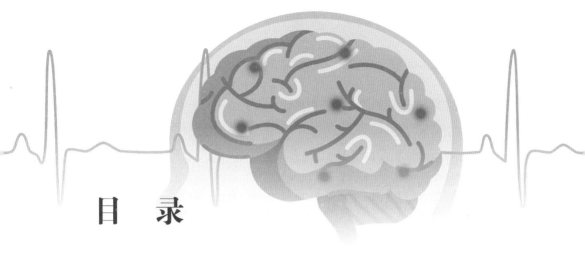

目　录

脑科学的前世今生 1

　　人脑被认为是自然界中最复杂、最高级、最精密的智能系统，揭示脑的奥秘已成为当代自然科学面临的巨大挑战之一。然而，对人脑认识和研究的历史却远比你想象得久远。现有证据表明，我们的史前祖先也许早就已经意识到了大脑在生命活动中的重要作用。

　　1865 年，一位考古学家（名字已无从考证）在经过印加古城的时候，从一位女收藏家那里得到了一颗特别的头骨，如图 1-1 所示。这颗头骨的头盖骨部分有一个洞。这位考古学家认为，这个洞并不是常见的头部创伤，而是一个手术的结果——这个头骨的主人在手术后还短暂地存活了一段时间。但根据当时的医院对患者进行这样的脑手术存活率都较低的情况，大多数人认为医疗手段与技术更加落后的古印加人不可能完成这么复杂的手术。就这样过了 7 年，当人们在一个新石器时代遗址处发现了多颗这样的头骨时，关于"脑手术"的说法才得到证实及认可。

这个发现证实了新石器时代的人类确实会进行颅骨穿孔术。头骨上留有的手术痕迹表明，手术是针对活人的，而不是死后的宗教行为，甚至其中一些人在经过多次外科颅骨手术后仍然活着。但是这种手术的目的是什么呢？有些人相信，通过在头皮与头盖骨上钻孔的方式，可以释放颅内过大的压力；有些神秘主义者认为，在头盖骨上打洞，可以提升感应能力；而在有些宗教信仰者眼里，头盖骨上的洞也许是为了给邪恶的灵魂打开一个离开脑子的通路……这些说法反映了在当时的欧洲，关于大脑的手术已经被一些外科医生用来治疗精神类疾病，或者作为一种躲避恶灵的手段。不过，古印加的外科医生做这种手术的真实意图是什么，我们至今不得而知。

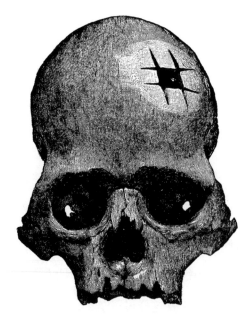

图1-1　被陈列在美国自然历史博物馆的穿刺头骨

中国古代也有诸多学者试图探究人脑与心理活动的关系。其中，早在战国时期的《黄帝内经》便已涉及脑的解剖构造。《灵枢·海论》说："脑为髓之海，其输上在于其盖，下在风府。"不但指出脑是髓汇集而成，而且认为脑与脊髓相连，与全身的髓都有密切的关系，故《素问·五脏生成篇》说："诸髓者，皆属于脑。"因此，脑也被称为"髓海"，这就是"脑髓说"的萌芽。后世的"脑髓说"认为，大脑是精髓和神明汇集发出之处，又称"元神之府"。《灵枢·海论》中还说："髓海有余，则轻劲多力，自过其度。髓海不足，则脑转耳鸣，胫酸眩冒，目无所见，懈怠安卧。"这说明了脑对人体机能有着直接的影响。

然而，不论是西方还是中国，人们起初都将心脏视为记忆和思考的器官。《礼记》中记载："心不在焉，视而不见，听而不闻，食而不知其味。"古埃及会在人死后将其制作成木乃伊，目的是希望灵魂能够找回躯体而顺利复活，尽管死者尸身可以被保存得十分完好，但他们的大脑却在制作木乃伊的过程中被从鼻腔中取出丢掉。

这种"心脏是灵魂居所"的想法直到古希腊时代才受到强有力的挑战，并随着对人体的进一步探索和科技的发展逐渐改变。直至1795年，人们才确定人类的思维来自大脑。这对我们现代人来说是常识，在那个时期却有着跨时代的意义。在技术水平有限的年代，人类对大脑的探索总是磕磕绊绊，下面，就让我们坐上时光机，一起见证脑科学的前世今生吧！

神经科学的诞生

对于大脑的研究起始于它的结构层面，如果没有结构知识作为基础，对大脑功能的探索就如同空中楼阁、沙上建塔。在对大脑结构的探索过程中，神经科学应运而生了。

神经科学的萌芽

时光机的第一站是公元前 4 世纪的古希腊。正如前文所说，在这个时代，"心脏是灵魂居所"的想法受到了强有力的挑战。西方医学奠基人、"医学之父"——希波克拉底（Hippocrates）（公元前 460 年—前 379 年）通过对"结构 - 功能相关性"的思考以及解剖观察，得出了"思维、情感、智慧皆来自于大脑，大脑参与对环境的感知"的结论。但这一观点并未得到普遍的认可，例如，著名的古希腊哲学家亚里士多德（Aristotle）就固执地相信"心脏是智慧之源"。他认为大脑仅是一个散热器，被"火热的心"沸腾的血液在这里得到冷却，并以此解释了人体恒定且合适的体温。

时光机的第二站是古罗马时代。古罗马医学史上最重要的一位人物——盖伦（Galen）（130 年—200 年）接受了希波克拉底关于脑功能的观点。同时，根据对大量动物细致地解剖（特别是羊脑），他提出将大脑分成 3 个腔室，分别承担想象、推理和记忆这 3 个心理过程。这些腔室被称为脑室（类似于心脏的心室），大脑通过这 3 个脑室泵出液体，来控制身体不同的活动。在盖伦看来，这一发现极好地吻合了当时流行的理论：神经是一种类似于血管的中空管道，机体的功能有赖于

4 种重要液体的平衡，液体通过神经管道流入或流出脑室，使大脑得以执行不同的功能。

时光机的第三站是文艺复兴时期。盖伦有关于大脑的观点延续了将近 1300 年，直到文艺复兴时期，法国近代解剖学创始人安德烈·维萨里（Andreas Vesalius）（1514 年—1564 年）出版了第一部真正记载神经科学的医学巨著——《人体的构造》。至此，医学界对人体的认知，终于从由动物推论变成了从人体本身出发，神经解剖学就此建立，人们对大脑结构的认识也逐渐精细化。

虽然维萨里在《人体的构造》中进一步补充了许多脑结构方面的细节知识，但是却没有挑战脑功能的脑室观点。相反，由于 17 世纪早期法国人开始使用以水为动力控制的机械装置，脑功能的脑室观点又得到了进一步的强化。这些机械装置支持了"以类似于机械运行的方式行使其功能"的观点：液体从脑室中被压出，经过"神经管道"到达人体各处，从而激发肢体的运动。法国数学家和哲学家勒内·笛卡儿（René Descartes）便是这一观点的主要提倡者。

不过，尽管他认为这一理论可以解释其他动物的脑和行为，但用该理论去解释人类所有的行为却是一件不可思议的事情，因为与其他动物不同，人类拥有智慧和一颗上帝赐予的心灵。因此，笛卡儿提出，尽管大脑是控制身体行动的器官，但人类所特有的"心灵"则独立于大脑之外，人类的灵魂、思想，都跻身于此。与此同时，大脑与心灵通过大脑内的一个叫松果体的结构（实际上是脑内的一个分泌各类激素的结构）进行交流。他的这种说法，无论在哲学界，还是在神经科学界，都影响颇深。直至今日，仍有人相信"心灵"与脑是彼此分离的。但是，正如我们将在本书后续关于脑的认知功能中介绍的那样，现代神经认知科学并不支持这种说法。

接下来我们来到时光机的第四站——17—18世纪。一些科学家挣脱了盖伦的脑室论这一传统观念的束缚，对脑结构进行了更加深入的研究。他们观察到脑组织可被分为两部分：灰质和白质，且正确地提出白质包含纤维，这些纤维起到向灰质传递信息的作用。

到18世纪末，神经系统已经可以被完整地剥离出来，它的大体解剖也因此获得了更为细致的描述。神经解剖学史上的一个重大突破是在脑表面观察到广泛存在的一些凸起和凹槽，它们被分别称为脑回和脑沟（在第2章中会详细介绍）。这一结构使大脑可以以脑叶的形式进行划分，奠定了"不同脑功能定位于不同的脑回"的理论基础，为脑功能定位研究开创了新时代。

颅相学的兴与衰

我们已经见证了脑功能定位研究新时代的开启，现在我们将重点介绍一个曾风靡欧美的脑功能定位假说——颅相学。

颅相学与我国古代的面相学类似，是一门通过研究人体颅骨外部形状来判断一个人的性格和命运的学说。1796年，德国解剖学家弗兰茨·约瑟夫·加尔（Franz Joseph Gall）（图1-2）首次提出了颅相学的概念。在他看来，头骨和大脑的形状是紧密对应的，某个特定脑区的大小直接决定了头骨的形状，因此，如果对头骨的凹凸形状进行分析，就可以了解到每个人的性格和能力。比如隆起的头顶代表着智慧，宽阔的前额说

图1-2 弗兰茨·约瑟夫·加尔画像

明想象力丰富，而大头则意味着聪明绝顶。

　　加尔从小就对面部和颅部特征非常感兴趣。高中时代，他发现几位记忆力出众的同学，眼睛非常突出，据此，他推断位于眼睛后方的脑区应该与人的语言和记忆有所关联。之后的许多年里，加尔通过这样类似的观察归纳，总结出了 27 个功能区域，如图 1-3 所示。19 世纪初，加尔开始发表有关颅相学理论的医学文献。他的研究结果在推动人类大脑

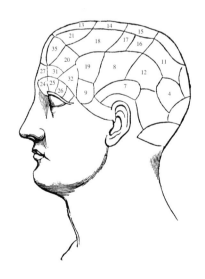

图1-3 颅相学示意图

研究的同时，也推动了人类对自身以及与其他动物之间差异的认知。

19世纪20—40年代，颅相学正处于发展的鼎盛时期。在学术界，颅相学获得了一些杰出的科学家，甚至医学界的领军人物的认可；在政治界，英国女王亚历山德丽娜·维多利亚（Alexandrina Victoria）以及美国总统约翰·亚当斯（John Adams）都欣然接受颅相学大师的诊断；而在普通民众的生活中，颅相学诊所在欧美大街小巷四处开花，不仅谈婚论嫁需要去看颅相，而且找工作时，许多雇主也都要求求职者提供一份由当地的颅相学家出具的性格证明，以确保未来的雇员诚实、勤奋。头骨上的凸起提供了一个判断人才和能力的指标，这一信念尤其被用于教育和刑事改革。头部的形状与大小俨然成为欧美民众沉迷讨论的话题。

不过，即使再繁华的高楼也会一夕崩塌。随着对医学、生物学领域的研究越来越深入，各界对加尔颅相学的质疑声也越来越大。

法国的神经生理学家皮埃尔·让·玛丽·弗卢龙（Pierre Jean Marie Flourens）是颅相学理论最大的反对者之一。他对鸽子进行脑部切除手术时，发现不论什么位置的小部分损毁，鸽子仍然能吃能睡，看上去并无大碍；而当鸽子脑部被切除的面积越来越大时，鸽子才开始逐渐出现异常。因此弗卢龙认为大脑其实是作为一个整体运行的，每个区域都均等地参与了所有脑功能，无法单独通过某个区域独立运作。这个说法显然与颅相学中"不同位置的头颅区域代表着不同能力"相悖。此外，弗卢龙通过解剖还得出大脑和头骨形状并不是一一对应的结论。从此，颅相学开始由"众人追捧"逐渐走向"众人追喷"。

颅相学虽然衰落了，但是其关于脑功能定位的见解却依然影响着后人，人们关于大脑功能的"定位说"与"整体说"也一直争论不休。最终，法国神经科医生皮埃尔·保尔·布罗卡（Pierre Paul Broca）使科学的天平稳稳地偏向大脑功能定位说的一侧。布罗卡曾经遇到过这样一个病人，他能够理解别人的言语，自己却无法说话。在这个病人死后，布罗卡仔细地研究了他的大脑，结果在其左额叶上发现了损伤。根据这一病例以及其他几个类似的病例，布罗卡认为大脑的这一区域具体负责语言的形成，并将其命名为 broca 区（布罗卡区），如图 1-4 所示。

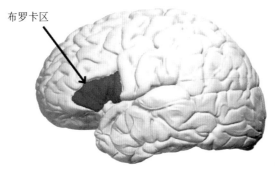

布罗卡区

图 1-4　布罗卡区示意图

从积极的角度看，颅相学的确是第一个提出"大脑功能及空间分布关系"这一观点的学说，后来布罗卡发现大脑语言中枢，也在一定基础上保留了颅相学的观点。但由于缺乏现代神经科学的工具，当时的科学家只能利用观察来进行小范围的研究，很有局限性。这些细节上的错误，导致颅相学走向了荒谬可笑的方向，最终被时代淘汰。利用磁共振等现代技术，今天的神经学家可以重新审视和探索大脑的不同区域以及它们与不同功能和心理特征之间的联系，这也是当下脑科学研究的热点方向。关于脑功能定位的现代研究方法，我们在第 3 章进行详细介绍。

神经元的发现

正如曾经风靡一时的颅相学最终走向衰落的结局告诉我们的那样：技术的不足会限制我们对事物的观察，而技术的突破一般都可以帮助各种科学理论更进一步发展和完善。到 19 世纪中期之前，人们对大脑的认知还停留在形状、大小这类宏观的层面，对大脑的构成并不了解。实验仪器精准度的限制是一个很大的原因。当高精度的显微镜被发明之后，科学家们终于能看清楚神经系统了。随着生物细胞理论的发展，人们认识到，大脑组织也是由细胞构成的。

起初，就算是有高精度的显微镜，大脑组织在显微镜下也只是一堆不太能被区分的颗粒状的组织，所以在当时仍有很多人反对大脑是由细胞构成的这一观点。后来意大利解剖学家卡米洛·高尔基（Gamillo Golgi）（就是发现细胞中高尔基体的那个高尔基）发明了一种银染色法（高尔基染色法），来标记脑神经细胞。西班牙人圣地亚哥·拉蒙·卡哈尔（Santiago Ramóny Cajal）使用高尔基染色法发现神经元是分立的个体。他不仅第一次鉴别出了神经元的单一性，而且还发现神经元内的电传导是单向的，只能从树突传到轴突。

在发现神经传导路线的同时，卡哈尔也提出了神经细胞是通过突触结构来划分的，即大脑也是通过大量独立细胞所组成的组织，形成了后来著名的"神经元学说"，他本人也被称为"现代神经科学之父"。至此，现代神经科学终于诞生了！

走近认知科学

我们乘坐时光机见证了神经科学的诞生。随着20世纪神经科学的不断发展，脑功能定位主义者对他们的观点进行了一定的取舍。他们发现，尽管特定的大脑区域负责某项独立的功能，但这些区域组成的网络以及它们之间的相互作用才是产生人类表现出整体、综合行为的原因。

法国生物学家克洛德·贝尔纳（Claude Bernard）曾说过："如果有可能将身体的所有部分分解开，将它们独立出来以研究它们的结构、形式和连接，那就和生命不同了……如果一个人只分别研究一种机制的各个部分，那么他就不可能知道它是如何运作的。"

就这样，科学家们开始相信，关于神经元和大脑结构的认识，必须放在整体的关系中被理解，即当这些部分连接到一起时产生的作用。因此，神经科学的基本方法并不能全面地分析大脑，因为大脑是一个活的、动态的系统。接下来，我们就从另一个科学的角度——认知科学，来认识脑科学的历史。

心理学的故事

尽管脱胎于医学的神经科学在大脑研究的早期阶段引领潮流，但心理学家对心智的研究早已经通过测量行为进行着，而这就是认知科学的前身。

在实验心理学诞生之前，对心智的探讨一直是哲学家的领域，他们对知识的本质以及人类如何认识事物充满好奇。哲学界有两大主要观点：理性主义和经验主义。理性主义兴起于启蒙运动时期，在知识分子和科学家中，理性主义取代了宗教，成为思考世界的唯一方式。理性主义者从自然科学中吸取辩证法发展的观点，用思辨的方式来表达进步的要求。相反，经验主义者认为，所有的知识来自于感觉经验，直接的感觉经验可以产生简单的思想和观念。当各种简单的想法相互作用、相互连接，复杂的想法和观念就产生了。

随着历史的推进，一方面，从古希腊到 19 世纪中叶近 2000 多年的哲学发展已经为心理学的独立酝酿了必要的条件；另一方面，19 世纪西方科学的发展已经有了长足的进步，当时的生理解剖学、物理学等许多自然科学获得了巨大的进展，它们确立了科学的权威地位，同时也为心理科学的独立创造了条件。如著名的心理物理学家费希纳（Fechner）和韦伯（Weber）通过实验，将事物的物理性质（光和声音），同它们给观察者造成的心理体验联系起来。这些实验使得一些心理学家意识到，要想使心理学从哲学中脱离出来成为一门独立的学科，就必须把这些科学方法引入心理学的研究，而这也是使心理学成为科学的最直接的前提条件。1879 年，威廉·冯特（Wilhelm Wundt）在莱比锡大学建立了第一个心理学实验室，这意味着现代实验心理学的开始，也意味着科学心理学的确立。

然而，在之后的几十年中，实验心理学却开始被行为主义统治。

大家一定知道著名的巴甫洛夫实验：当不断地把铃声和喂食匹配在一起，狗会逐渐对铃声流口水。这似乎在预示着物理刺激和心理学习过程可以被精心地控制并有效地测量，就像马戏团训练动物表演那样，行为实际上是重复地物理

巴甫洛夫的狗

刺激的训练结果。

行为主义之父——约翰·华生（John Waston）将巴甫洛夫的条件反射学说作为学习的理论基础。他认为学习就是以一种刺激替代另一种刺激建立条件反射的过程，并宣称在环境完全可控的情况下，他可以把一个孩子塑造成任何样子。在华生看来，人类出生时只有几个反射行为（如打喷嚏、膝跳反射）和情绪反应（如惧、爱、怒等），其他所有行为都是通过条件反射建立新刺激-反应联结而后天习得的。为了让大家接受这个观点，他设计了一个臭名昭著的、令人心碎的实验——小阿尔伯特实验（little Albert experiment），试图证明情绪可以经由条件作用而产生，不用考虑任何内部的力量。

实验之前，华生这样描述他的受试者阿尔伯特："一个重9.5千克，11个月大的婴儿……他健康、温和，是个妙极了的好孩子。在与他相处的几个月中，我们从来没有看见他哭过，直到我们做了实验之后……"

在阿尔伯特9个月大时，实验者向他呈现大白鼠、兔子、狗、棉毛织物等东西，来观察他对这些特定刺激的反应。结果发现阿尔伯特不但没有表现出任何恐惧情绪，反而十分感兴趣，时不时地抚摸这些物品，此时，这些物品还属于中性刺激。然后，实验者开始测试阿尔伯特对巨大噪声的恐惧反应。他们在阿尔伯特身后用锤子击打钢棒，制造出响亮并吓人的噪声。可想而知，阿尔伯特被吓坏了，他在巨大噪声的刺激下爆发大哭。

正式实验在阿尔伯特11个月大时开始。当阿尔伯特伸手去触摸一只大白鼠时，实验者在一旁用锤子击打钢棒。钢棒发出巨响，阿尔伯特被吓得猛地跳了起来，跌倒在床上。此后，每当他要伸手触摸大白鼠时，实验者便敲击钢棍，将他吓得猛然跳起然后跌倒，继而大哭。最后，"只要白鼠一出现，婴儿就开始哭。他几乎立刻就……开始爬得飞快，以至于在他爬到桌子边缘时差点儿没能拉住他"。就这样，阿尔伯特对噪声的自然反应变成了对白鼠的条件反射。

基于这一发现，华生和他的助手想知道阿尔伯特对白鼠的恐惧是否会转移到其他毛茸茸的动物身上，于是他们开始将兔子拿给他。结果阿尔伯特还是一边哭一边爬走了。甚至从此对于狗、白色毛皮大衣、绒毛娃娃、棉花等毛茸茸的东西，阿尔伯特都产生了深深的恐惧——这也是这个实验臭名昭著的原因。

显然华生的实验是残忍的、不符合伦理的，但是他的行为主义心理学却一时成为心理学主流，影响美国心理学长达 30 年之久，直到 20 世纪 50 年代才真正结束。

实际上，行为主义心理学乍看上去似乎有些道理，但仔细想想便能发现许多漏洞。如著名的托尔曼（Tolman）老鼠迷宫实验，便是反击行为主义心理学的一大有力证明。如图 1-5 所示，迷宫有 1 个出发点、

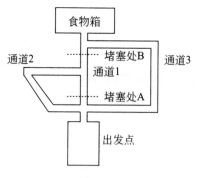

图1-5 小白鼠学习方位的迷宫

1 个食物箱和 3 条长度不等的从出发点到达食物箱的通道（分别为通道 1、通道 2、通道 3）。实验开始时，先让小白鼠在迷宫内自由地探索，一段时间后，检验它们的学习结果。

当 3 条通道都畅通时，小白鼠会选择距离最短的第一条通道，也就是说，在一般情况下，小白鼠往往选择较短的途径。而当爱德华·切斯·托尔曼（Eduard Chace Tolman）对各通道做一些处理后，例如，在 A 处将通道 1 堵塞，这时发现小白鼠选择通道 2 跑到食物箱；当在 B 处堵塞通道 1 时，小白鼠并不像以前形成的习惯那样，先选择通道 2 再选择通道 3，而是避开通道 2，马上选择通道 3。即小白鼠能"顿悟或意识到"堵塞 B 点会将通道 1 与通道 2 同时关闭起来，就像它们的头脑中存在迷宫地图一样。

根据实验结果，托尔曼认为小白鼠走迷宫，学习的并不是左转或右转的序列，而是在它的脑中形成一种认知地图，如果一条熟悉的路被堵塞，小白鼠就会根据认知地图所展现的空间关系选择另一条路线到达目标。而"大脑可以快速产生没有被训练过的行为"这一现象，显然无法被行为主义解释。

除此之外，我们都知道，语言具有复杂性与多样性，人们可以将同一个意思用很多个不同的语句甚至不同的语言表达。因此，心理学家们逐渐认识到打开大脑这个黑盒子的重要性。老鼠头脑里的迷宫地图、抽象的行为目标、语言学等新挑战开始让下一代心理学家重新思考研究的框架。

认知心理学

如果说行为主义时代信奉的"心理学是研究行为的科学"是片面的，那么到底什么才是心理学呢？

乔治·米勒（George Miller）为一时有些茫然的心理学界指点了迷津。1960 年，他与另一认知心理学家杰罗姆·布鲁纳（Jerome Seymour Bruner），联合成立哈佛大学认知研究中心，该中心的命名即带有向行为主义心理学挑战的意味。不过米勒本人并不赞同人们将他们的心理学思想解释为认知革命。他认为认知心理学的兴起并非完全创新，只能说是旧思想的复苏。认知心理学把以往被行为主义心理学排挤到后台的人的认知过程重新拉回到心理学研究的前台，重视对注意、知觉、表象、记忆、思维和语言等高级心理过程的研究，从而使心理学恢复了原来研究内在心理活动的本来面貌。自此，心理学便从原先的"心理学是研究行为的科学"，改变为"心理学是研究行为与心理历程的科学"。

米勒很清晰地记得，自己当初下定决心放弃行为主义心理学而转向认知主义的那一天是 1956 年 9 月 11 日，麻省理工学院举办第二届信息理论研讨会期间。对很多学科来说，那一年是个丰收年。

例如，当时的计算机科学领域就发展十分迅速，艾伦·纽厄尔（Allen Newell）和希尔伯特·西蒙（Herbert Simon）成功提出了"第一代信息加工语言"，并开发了最早的启发式程序"逻辑理论家"和"通用问题求解器"——一个强大的、可以模拟逻辑定理证明过程的程序。处理计算机信息功能的改变，对尚处于萌芽时期的认知心理学产生了重大影响。

　　尽管在这之前，心理学家已经将信息处理的历程大致区分为感官记忆（2秒以下）、短时记忆（15秒以下）和长时记忆，但短时记忆的性质及其重要性，则是在米勒于1956年发表研究报告《神奇的数字7±2：我们信息加工能力的局限》之后才被确定的。

　　米勒受到计算机处理信息方式的启发，提出了信息编码的概念。他认为编码最简单的方式是将输入信息归类，然后加以命名，最后储存的是这个命名而非输入信息本身。编码是一个主动的转换过程，对经验并非严格的匹配，因此编码以及解码往往会导致错误发生。他的研究有两点要义：

　　第一，在不得重复练习的情形下（如看电视字幕），短时记忆中一般人平均只能记下7个项目（如7位数字、7个地名），因此，从电话簿上查到一串电话号码后，往往在要拨号时会不复记忆。

　　第二，短时记忆的量虽然不能增加，但却有可能根据所记忆事物的性质经由心理运作使之扩大。例如，2471530122022是一串13位的数字，远超过"7"这个数量限制，但如果经心理运作将之意义化：24小时（一天）、7天（一星期）、15天（半个月）、30天（一个月）、12个月（一年）、2022（年份）——是不是就变得容易记忆了？米勒称此种意义单位为组块，人们学习英文时由字母组成单词，由单词组成短语，由短语组成长句……这些都是将零碎信息经心理运作变成多个组块之后记下来的。

　　米勒对短时记忆上的研究成就，为新兴的认知心理学提供了理论的依据。自此之后，短时记忆成为现代认知心理学中热点主题。米勒为以信息加工理论研究记忆开创了道路，而他的学术成果甚至成为谷歌等公司搜索技术的研究基础。

现在，认知心理学已经成为心理学、认知科学甚至脑科学研究中的重要组成部分。不仅如此，很多互联网公司，特别是游戏公司，在开发新应用和新产品的时候，也会从认知心理学的研究成果中汲取灵感。另外，经济学领域也开始被认知心理学渗透，畅销书《思考快与慢》的作者丹尼尔·卡内曼（Daniel Kahneman）便是首位获得诺贝尔经济学奖的认知心理学家。

认知科学的今生

就这样，以乔治·米勒为代表的一批心理学家将计算的思想带入对大脑的研究当中，以信息处理论为基础的认知科学便以此为沃土，逐渐兴起了。1977 年，《认知科学》的创刊与 1979 年认知科学学会的成立，标志着认知科学开始渐渐走近大众的视野。

认知的英文是 cognition，它来源于拉丁语，是"了解、学习"的意思，因此，认知过程讲述的就是我们如何学习和了解外部世界，如何处理信息的过程。这个过程涵盖了注意力、记忆、觉察、语言、元认知等更具体的内容。而由其发展历史可见，认知科学是研究心智和智能的交叉学科，是现代心理学、人工智能、神经科学、语言学、人类学乃至自然哲学等学科交叉发展的结果，也是脑科学的一大重要研究方向。

认知科学的研究内容主要包括：①以知觉表达、学习和记忆过程中的信息处理、思维、语言模型和基于环境的认知为突破口，在认知的计算理论与科学实验方法与策略等方向实现原始创新；②探讨创新学习机制，建立脑功能成像数据库，提出新的机器学习和方法。由于其涉及学科之广、研究前景之大，认知科学的发展得到了国际科技界，尤其是发达国家政府的高度重视和大规模支持。

21 世纪初，美国国家科学基金会和美国商务部共同资助了一个雄心勃勃的计划——"提高人类素质的聚合技术"，他们将纳米技术、生物技术、信息技术和认知科学看作 21 世纪四大前沿科技，并将认知科学视为最优先发展的领域。美国海军支持认知科学的规划——"认知科学基础规划"，已有 30 多年的历史。其基本目标包括 5 个方面：①确定人类的认知构造；②提供知识和技能的准确认知结构特性；③发展复杂学习的理论，解释获得知识结构和复杂认知处理的过程；④提供教导性理论以刻画如何帮助和优化学习过程；⑤利用人类行为的计算模型，提供建立有效的人 - 系统交互作用的认知工程的科学基础。

世界一流大学都已经开展了认知科学的研究，并在各自的研究范围取得了丰硕的成果。中国对认知科学的研究也很重视，目前已建立了若干个与认知科学和智能信息处理密切相关的国家重点实验室和一批省部级重点实验室，形成了包括若干个知名院士和一批优秀中青年科学家在内的研究队伍，相关实验室的软硬件装备已接近或达到世界先进水平。中国于 2001 年正式成为"人类脑计划"的会员国之一，并已经与认知科学界建立了广泛和实质性的国际合作与交流。

总之，探究人类心智始终是科学家孜孜不倦的追求。毕竟之前很长一段时间里，人类对心智的探索只停留在哲学、心理、解剖学等层面，随着计算机科学等新兴学科的建立，让科学家看到了从学科融合的角度切入去研究人类心智，认知科学也就应运而生了。

脑科学的未来

上文我们提到，以乔治·米勒为代表的一批心理学家将信息处理论带入对大脑的研究当中。认知革命之后，"人类认知系统（大脑）是一个信息加工系统"这一观点已被许多科学家认可，而对于这个系统的研究自然也就有不同的角度，即结构和功能。

我们以一个大家更熟悉的信息加工系统——计算机为例，假设有一台时空机器把现代的计算机传送到 100 年前——100 年前的人并不知道这台计算机的构造和原理——但是他们肯定觉得这东西特别有意思，于是就会有一群科学家坐下来研究这台神奇的东西。

首先，会有一群人坐下来拆机器，他们拆开计算机的外壳，看到里面的结构和部件：中央处理器（central processing unit, CPU）、随机存取存储器（random access memory, RAM）、数据线路等。他们想知道这台神奇的机器是怎么运行的，需要对这台机器的结构组成有所了解。我们称这些人为硬件科学家。硬件科学家可能会通过不同的实验，比如拆掉某个硬件单元来研究这个硬件单元对整个机器工作的影响，或者研究每一个部件的构造，看看他们的工作特点等。

不过，硬件科学家做的事情，并不能告诉我们计算机里面的操作系统是怎么被编写出来的。所以，一群思路截然不同的科学家也加入进来研究计算机，他们决定暂时不考虑硬件的工作方式，直接研究桌面上的一个个软件，我们称之为：软件科学家。软件科学家并不关心他们所看到的桌面操作系统是怎么通过物理元件实现的，他们更关心的是这个操作系统具有什么功能，能够做什么事情，具有什么性能。

硬件科学家和软件科学家都在研究这台被我们传送过去的计算机，研究它是怎样工作的，但是很显然，硬件科学家和软件科学家在做完全不同的事情，有着完全不同的研究方向。

现在我们回到脑科学上来。同样地，我们也有一批硬件科学家和软件科学家正在研究我们的大脑。简单地说，神经科学更像是"硬件学派"，而认知科学更像是"软件学派"。前者关心的是"大脑"这个物理系统是怎么样进行信息加工，从而执行人类当前行为的；后者关心的是"认知系统"需要执行什么样的运算才能产生人类当前的行为。

在前文，我们已经从脑科学的"硬件学派"和"软件学派"介绍了它的发展历史。接下来我们要介绍的是脑科学的研究现状以及未来。

现在：脑计划更懂你

脑是人体最复杂的器官，负责对人体一切行为、思维、决策和感觉的调控。然而，目前人类对大脑的了解尚处于初级阶段。只有更好地了解大脑的构造和功能，才能对脑部的疾病做出更完善的诊断和治疗。此外，随着计算机技术的发展，人工智能被推到时代发展的风口，通过借鉴大脑神经网络，可以更好地促进人工智能的完善。

正是基于这些来自医疗、科研和技术的需求，人类脑计划应运而生。自 2013 年起,美国、欧盟、日本相继启动了各自的大型脑科学计划,全球参与脑计划的国家数量不断扩充壮大,它不仅仅是科技发展的信号,更代表了全球化科研资源的整合(表 1-1)。

表 1-1　脑计划简介

发起方	脑计划名称	启动时间	研究重点
美国	创新性神经技术大脑研究计划 BRAIN, Brain Research through Advancing Innovative Neurotechnologies	2013 年	旨在推动创新技术的开发与应用,研究大脑动态功能及工作机制,开发治疗脑部疾病新方法
欧盟	人类脑计划 HBP, Human Brain Project	2013 年	旨在利用超级计算机技术模拟大脑功能,从而实现人工智能
日本	疾病研究综合神经技术脑图绘制 Brain/MINDS, Brain Mapping by Integrated Neurotechnologies for Disease Studies	2014 年	旨在通过融合灵长类模式动物多种神经技术研究,以研究人类神经生理机制,并建立猕猴脑发育及疾病发生的动物模型
澳大利亚	澳大利亚脑计划 Australian Brain Initiative	2016 年	旨在揭示脑异常机制、编码神经环路与脑网络认知功能,解决人类健康、教育问题,并通过促进工业合作者和脑研究的结合研发新的医疗产品
中国	脑科学与类脑科学研究 Brain Science and Brain-Like Intelligence Technology 简称为"中国脑计划" China Brain Project	2016 年	形成"一体两翼"布局,以研究脑认知的神经原理为"主体",以研发脑重大疾病诊断新手段和脑机智能新技术为"两翼"

续表

发起方	脑计划名称	启动时间	研究重点
韩国	韩国脑计划 Korea Brain Initiative	2016 年	旨在破译大脑的功能和机制，调节作为决策基础的大脑功能的整合和控制机制

　　中国科学家在由中国科学技术部和自然科学基金委员会组织举办的许多战略会议上进行了讨论，最终达成了一个共识，即神经科学的一个普遍目标——理解人类认知的神经基础——应该成为"中国脑计划"的核心。由于主要脑疾病造成的社会压力逐渐上升，所以现在迫切需要一种预防、诊断和治疗脑疾病的新方法。此外，在大数据的新时代，受大脑启发而获得的计算方法和系统对于实现更强的人工智能和更好地利用越来越多的信息至关重要。正是由于对这些问题的考虑，中国脑计划（图 1-6）项目提出了"一体两翼"战略。即以研究脑认知的神经原理为"主体"（其中又以绘制脑功能联结图谱为重点），以研发脑重大疾病诊治新手段和脑机智能新技术为"两翼"。

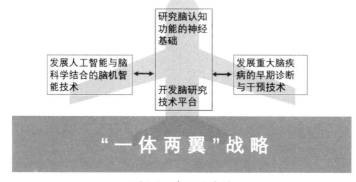

图 1-6　中国脑计划

"脑科学与类脑科学研究"，简称为"中国脑计划"，于"十三五"期间正式启动。《中华人民共和国国民经济和社会发展第十三个五年规划纲要》提出强化脑与认知等基础前沿科学研究，将脑科学与类脑研究纳入"科技创新 2030——重大项目"。在 2021 年，科技部网站发布通知称，科技创新 2030"脑科学与类脑科学研究"重大项目年度申报涉及 59 个研究领域和方向，国家拨款经费预计超过 31.48 亿元。《中华人民共和国国民经济和社会发展第十四个五年规划和 2035 年远景目标纲要》提出，瞄准脑科学等前沿领域，实施一批具有前瞻性、战略性的国家重大科技项目，攻关脑认知原理解析，脑介观神经联接图谱绘制，脑重大疾病机理与干预研究，儿童青少年脑智发育，以及类脑计算与脑机融合技术研发。从"十三五"规划到"十四五"规划，脑科学都被列为重点前沿科技项目。不仅如此，《"健康中国 2030"规划纲要》也提出启动实施脑科学与类脑研究等重大科技项目和重大工程。脑科学作为我国一个相对较新的研究学科，目前正处于积极发展阶段，此前世界上正在实施的脑计划的经验和教训对我国进行脑计划也有所帮助。

面对脑科学这一自然科学的"最后疆域"，需要的是整个国际科研界的成果共享和通力合作。相信在各个参与方各具特色的脑计划共同协作下，人类对脑和疾病的认知将不断深入，并从中寻找到更高的应用价值。

未来，可能比科幻更科幻

现在，让我们一起畅想一下脑科学的未来。实际上，关于未来，人们总是有各种各样的畅想，尤其是关于人脑的未来，已经有许多影视作品和科幻小说对其进行了描述。

掌控梦境

梦境向来是一个神秘又引人好奇的领域，千百年来，关于梦的传说也不尽其数。一些科学家曾在梦里获得灵感。药理学家奥托·勒维（Otto Loewi）在梦中获得了神经递质能够促进信息通过突触的想法，而这成为了神经科学的基础。无独有偶，德国著名有机化学家奥格斯特·凯库勒（August Kekulé）在1865年做了一个关于苯的梦。

他梦见苯的碳原子构成一个链条，首尾相接，形成环状，就像一只咬着自己尾巴的蛇。基于这个梦，他提出了苯分子的物质结构，即大名鼎鼎的苯环。

凯库勒的衔尾蛇

一些影视作品中也常常出现梦的题材，在经典电影《盗梦空间》中，莱昂纳多·迪卡普里奥（Leonardo Dicaprio）饰演的男主角可以从梦这个最不可能的地方盗取秘密。他的团队可以利用一种新的发明进入人们的梦境，从人的潜意识中盗取机密，并重塑他人的梦境。

尽管梦一直困扰和迷惑着我们，但科学家似乎已经抓住了解梦的蛛丝马迹。事实上，科学家现在所做的一些事曾经被认为是不可能的：他们可以用磁共振成像技术拍下梦的模糊图像和影像（关于这项技术的原理我们会在第3章中进行介绍）。也许有一天，你可以通过观看自己梦的视频了解自己的潜意识；又或许，经过适当的训练，你可以有意识地控制自己梦。甚至在更远的未来，通过计算机对两个正在做梦的大脑进行磁共振成像扫描，并将其中一个人的扫描结果解码为视频影像，传输到另一个人大脑的知觉区域，这样，二者的梦就可以进行合并，或许就能实现像《盗梦空间》中的角色那样潜入别人的梦境。

意念互联

"脑机接口"这一话题在近年成为热点。这种技术可以将大脑中的神经元信号转换为能够在现实世界中移动物体的具有实际意义的指令，为残障人士重新恢复一部分人体机能提供了可能。著名宇宙学家斯蒂芬·威廉·霍金（Stephen William Hawking）就安装了一个类似脑机接口的设备。这一设备就像一台脑电图传感器一样，能够将霍金的思维和计算机连接在一起，这样一来，他就能保持自己同外部世界的联系了。除了可以用于改善病人生活，这一技术的另一种用途是把计算机与任意设备连接起来，并实现脑控，如烤面包机、咖啡机、空调、电灯开关等。有了这种技术，我们就可以实现坐在家中，仅仅动动脑子便自由切换电视频道、开关灯以及烹饪料理了。关于脑机接口的更多知识，我们将会在本书的第 4 章进行介绍。虽然目前这种技术还处于起步水平，但随着科技发展，也许"意念互联"就在不远的明天。

植入记忆

在《黑客帝国》中，主人公尼奥（Neo）可以通过脖颈上植入的电极，即时将武术技能下载到大脑中，仅仅几秒钟，他便成了跆拳道大师，轻而易举地打倒了追杀他的人。你一定也在考试前有过这样的幻想：如果能够下载记忆，我就不用复习了！

这样的情节看似天方夜谭，但也许真的可能成为现实。2013 年麻省理工学院的一个课题组在研究阿尔茨海默病时发现，他们不仅能够实现在老鼠的大脑中植入普通记忆，还可以实现植入虚假记忆。这些科学家使用了一种叫作光遗传的技术，通过对特定的神经元进行照射，从而使其激活。利用这种技术，科学家能够识别出对特定记忆而言是哪些特定的神经元在起作用。例如，一只老鼠进入房间，然后被电击。科学家可以分离出承受这个痛苦记忆的神经元，通过分析海马体把它记录下来并与光纤维连接。然后，把这只老鼠放进一间完全不同且绝对安全的房间里，打开光源照射光纤维，老鼠便会在这个新房间中产生虚假的电击记忆，并做出恐惧的表现。

不过，遗憾的是，技术的发展会在一定程度上限制人类的想象力，就像 100 多年前的人没有互联网的概念，更无法想象什么是"万物互联"。不过，我相信脑科学的未来，也许比科幻更加科幻。

小结

在这一章中，我们乘坐时光机回顾了神经科学与认知科学的诞生与发展历史。作为脑科学的"硬件学派"和"软件学派"，神经科学与认知科学的历史正是脑科学的历史。除此之外，我们还简单地对脑科学的未来发展进行了一些展望，正是这些看起来既神秘又酷炫的未来，吸引着无数科学家孜孜不倦的研究。如果你对大脑也同样感兴趣，就请继续读下去，希望对你认识脑科学有所帮助。

大脑犹如我们人体的司令部，支配着我们的思想、行动、情绪，乃至潜能，其重要性不言而喻，而脑科学却能让我们去揭开这层神秘的面纱。脑科学为什么很酷？Because it is the only case in the world when an operating system is attempting to study itself（因为世界上只有在这个学科中，一个操作系统正在研究它本身）。

神奇的大脑 2

　　在我们的身体里含有上百亿甚至千亿个神经元细胞和神经胶质细胞，这些细胞构成一个庞大而复杂的信息网络——神经系统。神经系统是对机体内生理功能活动调节起主导作用的系统，分为中枢神经系统和周围神经系统两大部分。而我们最复杂、最神秘也是最引人探索的器官——大脑，正是中枢神经系统中的重要一员（本书之后提到的神经系统，泛指中枢神经系统）。

　　大脑的复杂性不仅体现在其神经细胞和胶质细胞的数量庞大，更体现在神经纤维间错综复杂的联系。想要走近我们神秘的大脑，第一步最好还是从它的一些基本知识入手，比如大脑是由什么构成的？构成大脑的小家伙们又是怎样通信的？相信在学习了本章有关大脑神经基础及其信息交流的知识之后，你会对大脑有更好的理解。准备好了吗？开往大脑的列车即将出发！

走进大脑的微观世界

在学习一门知识或探索一种事物时，我们通常会从它的基本单元入手。同样的，科学家在研究大脑时也通常采用这种"还原主义"策略，由点到面，通过局部进而了解整体。在这一小节中，我们就从微观的角度来简单了解大脑。

如果将大脑比作一座繁忙的城市，那么大脑中最小的工作单元——神经元就是在城市中安居乐业的居民，它们在这座"城市"中井然有序地辛勤工作。除了神经元之外，我们的大脑中还有一种默默无闻的细胞——胶质细胞，它们好比城市中的后勤保障系统，对大脑的正常运作起着重要的作用。有的胶质细胞组成了网络，能够把神经元固定住；有的则担任着巡逻与修护的职能，为神经元的正常工作保驾护航，它们各司其职又相互合作，组成了一座和谐友好的"模范城市"。接下来，就让我们一起钻进大脑，看看这座城市里的"人们"都在忙些什么吧。

神经系统的居民：神经元

其实，将大脑比作一座繁忙的城市并不恰当。别误会，这里并不是指辛勤工作的神经元们不够繁忙，而是大脑中的"居民"数量已经远远超出了"城市"的级别。实际上，整个地球上的人口数都远不及一个大脑中神经元的数量。按照数量级来说，科学界一般认为，人脑中有1000亿个神经元。曾经有人比喻"假如1个神经元是1秒钟，也就是秒针滴答一小格，要想把人脑的神经元都滴答一遍，至少需要3100年"。也就是说，如果1秒数1个神经元，那么我们需要从商朝商纣王开始，不眠不休地数到今天，才能把大脑里的神经元都数完一遍。这可是个天文数字！而这仅仅只是大脑中的神经元数量。另外，神经元们并不仅仅居住在大脑中，它们还生活在神经系统的其他部位，比如脊髓、眼睛、耳朵等，跟随神经系统遍布我们的全身。

那么这些居民都长什么样子呢？一般来说，神经元主要由细胞体和突起组成，根据形态不同会对应不同的功能。图 2-1 所展示的就是神经元细胞的基本结构，其中细胞体主要负责维持神经元的新陈代谢，是神经元的"本体"，由细胞膜、细胞核、细胞质、线粒体、核糖体等结构组成。神经元突起是由神经元细胞胞体延伸出来的细长部分，根据形态和功能不同，神经元突起可分为树突和轴突。

树突是从胞体发出呈放射状的一到多个突起，"突"如其名，有的仿佛树梢的枝丫，有的仿佛海底的珊瑚，能够接收其他神经元的轴突传

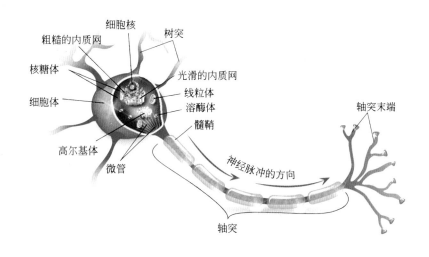

图2-1　神经元细胞的基本结构

来的信号。轴突长而分枝少，粗细均匀，常起于轴丘，像一条光纤似的
将信息传递给其他神经元。神经元细胞之间接收信号的部位称为突触，
正如刚才所说，树突接收其他神经元的轴突传来的信号，故而树突又被
称为突触后，轴突被称为突触前。大多数神经元既是突触前也是突触后，
当它们的轴突与其他神经元建立连接时是突触前，当其他神经元与它的
树突建立连接时是突触后。关于突触的详细介绍，我们将会在后文进行。

图 2-1 所描绘的神经元是以脊髓运动神经元为模型的理想化神经
元，实际上神经元具有多种形式。形态学相似的神经元倾向于集中在神
经系统的某一特定区域，且具有相似的功能。我们虽难以做到了解神经
系统中成百上千万亿的神经元细胞，以及它们各自对脑功能有何独一无
二的贡献，但将大脑内的神经元分门别类，探究不同类别神经元的功能
却是可行的。

解剖学家根据神经元突起的数目，将神经元分为 3 种或 4 种大类。
如图 2-2 所示为 3 种常见类型的神经元：单极、双极和多极神经元。单
极神经元只有一个远离胞体的突起，这个突起能分支形成树突和轴突末
梢，常见于无脊椎动物的神经系统。双极神经元，顾名思义，就是具有
两个突起的神经元：一根树突和一根轴突。这类神经元主要参与感觉信
息加工，例如，眼视网膜的双极神经元。多极神经元具有发自胞体的一
个轴突和若干个（至少两个）树突。它们广泛分布于神经系统的多个区
域，参与运动和感觉信息加工，是大脑中数量最多的居民。我们通常所
说的脑内神经元一般就是指多极神经元。

除了神经元突起的数目，我们还可以按照树突的形状，神经元之间

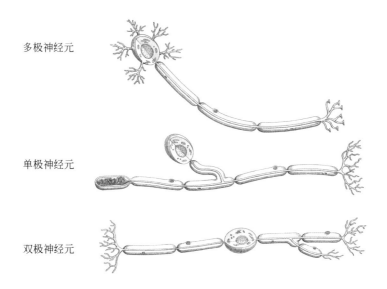

多极神经元

单极神经元

双极神经元

图 2-2　不同神经元的细胞结构

的联系、轴突长度等对神经元进行分类，感兴趣的话可以自行查阅了解。总之，由于神经元胞体的形状、大小、所处位置以及突起分支的数目、长度、模式、形状、大小等各有不同，科学家们很难对神经元做出统一的分类，只能说"萝卜青菜各有所爱"，不过，其中接受度较广的还是我们刚才介绍的两种以突起的特征来划分的分类方法。

神经系统的后勤：神经胶质细胞

我们的生活离不开他人的帮助与服务。类似地，生活在大脑中的神经元细胞能够正常执行功能，背后也离不开后勤细胞——神经胶质细胞的默默服务与保障。神经胶质细胞的数量远多于神经元细胞，大约是其10 倍，占脑容量的一半以上，相当于每一个神经元细胞背后配备 10 个胶质细胞来"服务"它。胶质细胞的英文名是 glial cell，glial 来自于希腊语中"胶水"一词，原因在于 19 世纪的解剖学家相信神经系统内的胶质细胞主要发挥着结构支持的作用。的确，有些胶质细胞像胶水一样，组成一个结构网络，能够把神经元固定住；但是也有一些胶质细胞不那么"安分"，在大脑中来回游走，担任着"城市"的监视与修护工作。

如图 2-3 所示，中枢神经系统内主要有 3 种胶质细胞：星形胶质细胞、少突胶质细胞和小胶质细胞。星形胶质细胞呈圆形或放射对称形状，是胶质细胞中最大的一种。它们围绕着神经元并与脑血管紧密连接，在中枢神经系统与血液之间构建了一道血脑屏障。这道屏障可以选择性地控制血浆中的溶质通过，阻挡某些血液传播的病原体或过度影响神经活性的化学物质进入神经系统，保持大脑的环境稳定。它仿佛一条把关严格的护城河，在保护中枢神经系统中发挥着至关重要的作用。然而，血脑屏障的这种不完全通透性也给医学界带来了一些考验。如帕金森病，

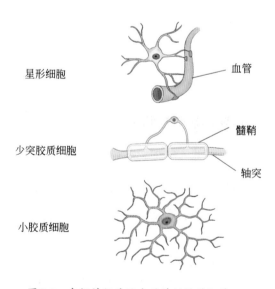

图 2-3　中枢神经系统内的神经胶质细胞

它是一种由于大脑中产生并运送多巴胺的神经元变性死亡，导致大脑多巴胺缺失的严重运动障碍疾病。患者的症状常为静止时手部抖动、肢体僵硬、走路时不能及时调整姿势等。由于多巴胺不能通过血脑屏障，所以患者并不能直接通过血液注射多巴胺来补充脑内衰竭的多巴胺。不过，聪明的科学家已经找到了解决这个问题的方法：利用血液中的多巴胺前体物质——左旋多巴进行治疗。左旋多巴能够穿过血脑屏障，从而被神经元摄取可以转化为脑组织的多巴胺。目前，左旋多巴制剂已成为了治疗帕金森病最主要、最有效的手段。

少突胶质细胞比星形胶质细胞小，胞突短而少，是中枢神经系统中形成髓鞘的"主力军"。髓鞘是包绕在许多神经元轴突外的脂类物质，在神经元的生长发育过程中，以同心方式缠绕轴突从而形成髓鞘。它们仿佛电线外的绝缘层，将中间的轴突保护起来，从而保证轴突内电流的传递。此外，有髓轴突的髓鞘被结节分隔成若干节段，由于它们是被一位法国组织学和解剖学家路易斯 - 安东尼·郎飞（Louis-Antoine Ranvier）发现的，因此被称为郎飞结（nodes of ranvier）。郎飞结对神经元的信号传递具有重要意义，关于这一部分，我们将在后面的章节中进行介绍。

小胶质细胞是一种形状小而不规则的神经胶质细胞，这就是我们之前提到的"不那么安分"的胶质细胞。正常情况下，小胶质细胞处于休息状态，大约以每小时一次的频率与神经元突触发生直接接触，监测突触的功能状态和神经元的活性。当脑内发生炎症、感染、创伤或其他神经系统疾病时，小胶质细胞就会迅速被激活。此时小胶质细胞开始"变形"——胞体增大、突起变短、细胞形态呈圆形或杆状，方便它们"穿墙"赶往受损部位。大量的小胶质细胞抵达目标区域后将进一步调整自身形态呈阿米巴状，以便发挥巨噬细胞作用，吞噬和清除受损的脑细胞。因此，作为城市中的监管者与清道夫，小胶质细胞的形态学改变反映着自身的活化状态，而其活化状态又与脑内受损部位的严重程度密切相关。

神经细胞的交流：神经信号

在前文我们介绍过，大脑这座城市中居住了非常多神经元，但是每个神经元并不是孤零零地独自工作，它们像人类一样需要不停地进行信息沟通和共同合作。那么，神经元和神经元之间是怎么沟通的？打电话？发信息？都不是。人类可以通过无线电波进行沟通，但神经元之间的沟通可不行，它们需要靠真实的物理通路来传递信息。神经元间的交流，有点类似大家小时候玩的"你比划我来猜"的游戏，需要一个一个地将信息传递出去，但并非那么低效，也不是只能一对一地传递信息。

之前我们介绍过，每一个神经元的细胞体周围都有四通八达的突起，如果将神经元的细胞体比作一部座机，那么这些突起就是电话线。轴突负责拨打电话，帮神经元将信息送到外部，树突则负责接通电话，也就是从其他神经元接收信息。向外拨打电话的轴突只有一条，但负责接电话的树突可以有很多条。依靠轴突和树突，每一个神经元都和数以千计的其他神经元有所连接，联系非常紧密。

当这些"电话线"传递信息时，传导速度可以达到 100 米每秒，也就是 360 千米每小时，这和我们高铁的速度接近。所以，其实在我们的大脑中有着不少小小的高铁线，它们正以 360 千米每小时的速度，有序而高效地传递着神经信号。除了这些飞速的"高铁线"，大脑中有没有速度慢一些的传输线呢？当然有，越细的传输线，传递神经信号的速度就越慢。最慢的传输线，信息传递速度大约是 0.5 米每秒，相当于一小时只能绕 400 米标准操场走四圈半。

不过，以上这些说法只是类比型的介绍，要想真正了解神经细胞的信息交流，我们还要从信号的产生说起。简单来说，神经元能够接收外界刺激，这些刺激可以是物理形式的，如眼睛接收的光线、耳朵听到的声音、皮肤感觉到的触摸、电突触收到的电信号等；也可以是化学形式的，如神经递质，或环境中能够使人产生感觉的气味分子等。这些刺激会引起神经元细胞膜的变化，导致神经元膜内外的离子发生流动，从而产生动作电位。在大多数情况下，动作电位的结果是产生一个沿轴突下行传播到轴突末梢的信号，在那里，最终引起突触神经递质的释放。

我们都知道神经元细胞膜是一个磷脂双分子层的结构，如图 2-4 所示，托两侧圆圆的脂质分子的福，细胞膜能够在细胞内外的水环境中保持完整并控制水溶性物质的进出。就像血脑屏障一样，细胞膜也对经过它的物质有着选择性透过的权力。对于离子、蛋白质和其他溶于细胞内外液体的物质而言，细胞膜它就是一道屏障，毕竟能溶于水的物质都不能很好地溶于细脂质，因此它们便不能轻松地进出神经元细胞体。

动作电位的产生

神经元细胞膜有两种状态，一种是无事发生，保持静息电位的状态；另一种则是受到刺激，产生动作电位的状态。而神经元的日常，就是在

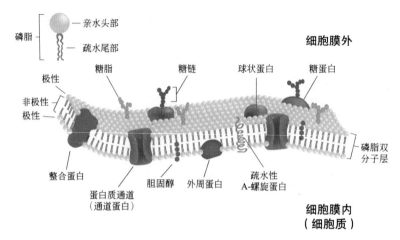

图 2-4   细胞膜结构图

这两种状态间"反复横跳",以完成受到刺激后在其内部传递信号的工作。在无事发生时,静息状态下的神经元细胞膜两侧存在着一个静息膜电位(–70 毫伏,即膜内比膜外电位低 70 毫伏),为动作电位的产生"随时待命"。当神经元受到刺激时,细胞膜在原有静息电位基础上产生一次迅速且短暂的向周围和远处扩散的电位波动,这种电位波动被称为动作电位。

动作电位的传导

前文提到静息态的膜电位就是外正内负[图 2.5(A)]。实际上,某区域产生的动作电位会影响到周围正处于静息态的区域。这很好理解,因为兴奋区域的细胞膜内外两侧的电位差会发生暂时的翻转,即由外正内负转为内正外负,与周围的静息膜之间形成电位差,从而产生局部电流。如图 2.5(B)中所示,在膜内侧,电流从静息膜流向兴奋膜;在膜外侧,电流由兴奋膜流向静息膜,结果使原先静息区域的细胞膜内外发生同样的电位变化。因此,在图 2.5(C)中可以看出,所谓动作电位

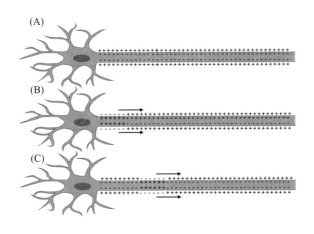

图 2-5　动作电位传导示意图

的传导其实就是兴奋膜向后移动的过程。

　　你可以将这种传导过程想象为击鼓传花：花的传递代表了兴奋沿轴突的下行传递。然而，如果传花的人彼此间距离很远，则有可能出现不能把花及时传递下去的情况。类似地，如果下一个具有电压门控离子通道的轴突部分距离太远的话，电流长途跋涉到达该处时，可能已经衰减得无法启动动作电位。那么，这个问题要如何解决呢？答案很简单，只需要尽可能地减少电流在长途旅行中的衰减就可以了。

　　试想一下，对于一条水管，其粗细会影响水流的流动，管壁的密闭程度也会影响水流在管内流动的距离。同样，神经元细胞的轴突也可以看作一条水管，动作电位的传导就好像水的流动，轴突内的电阻相当于水流在水管中流动受到的阻力，细胞膜的电阻大小对应于水管管壁的密闭程度。可见，通过降低轴突内电阻或增加细胞膜电阻，可以使电流流动更为有效，也流得更远。那么，具体该如何做？

　　正如增加水管的直径那样，降低轴突内部电阻最有效的方法也是增加其直径，较大直径的轴突可以使传递动作电位更为迅速。但是，对于大型动物，尤其是长颈鹿来说，为了逃避捕食者，要实现足够快地从大脑至后肢运动神经元的信息传递需要多大的轴突直径？答案是非常大。此外，肌肉的控制需要许多运动神经元的驱动，而所有的运动神经元还要包裹于脊髓内，再加上数量多于神经元的神经胶质细胞，长颈鹿的脊髓将会变得非常粗，这显然是不科学的。因此，大型动物想要生存，就必须用其他方式解决这个难题。

髓鞘解决了这个难题，而这也是轴突在保证动作电位有效传导时采取的另一种方法——包绕在神经元轴突周围的髓鞘提高了细胞膜电阻。髓鞘是以同心缠绕的方式包绕在轴突周围的多层脂质结构，它仿佛电线外的绝缘层，使电流能够沿轴突传递得更远。电流沿着有髓鞘轴突向下快速传递，最终只在髓鞘中段的郎飞结处产生动作电位。因此，看起来动作电位似乎是从一个郎飞结跳到另一个郎飞结，这种传导被称为跳跃式传导。通过这种传导方式，哺乳动物的神经能以 120 米每秒的速度传导信号，相当于 3 秒左右就能绕 400 米操场一圈，这是相当快的速度！

突触传递

前面我们介绍的只是信号在神经元内部的传递，而神经元之间的交流才是大脑有条不紊工作的基础。要实现这一点，神经元之间必须要传递信号。之前我们将神经元间的交流比作通过电话线打电话，实际上，神经元间的信号传递是通过突触完成的，这种传递方式被称为突触传递。突触有两种类型：化学突触和电突触。

化学突触是最常见的突触种类，如图 2-6 所示，化学突触由突触前膜、突触后膜和突触间隙组成。在多数情况下，一个动作电位到达突

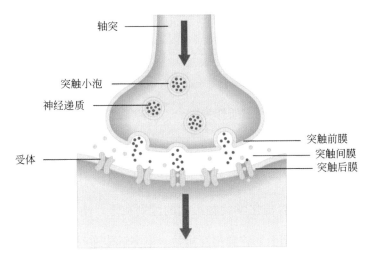

图 2-6　化学突触基本结构

触小体所在的轴突末梢，该动作电位可引起轴突末梢去极化，导致 Ca^{2+}
通道打开，使 Ca^{2+} 内流。Ca^{2+} 在细胞内发挥信使的作用，即可以通过
几步中间的生化步骤使信号放大。在此过程中，突触小体中的突触小泡
包裹着神经递质向突触前膜移动，像船停靠在码头一般着位于细胞前膜
的蛋白质上。随后，细胞内 Ca^{2+} 浓度的增高导致突触小泡与突触前膜
融合，并将其中包含的神经递质释放至突触间隙。神经递质在突触间隙
内扩散至突触后膜，如图 2-6 所示，与嵌在突触后膜的受体结合后，改
变突触后膜的离子通透性，使其电位发生变化。

　　受体是一种化学门控离子通道，一种受体只会与一种物质（即配体）
结合，就像一把钥匙开一把锁那样，当受体的"锁"被打开后，离子通
道便开放了。通过与配体的特异性结合，受体使细胞在充满无数生物分
子的环境中，辨认和接收某一特定信号。

　　与突触后膜结合后剩余的神经递质最终都去哪了呢？答案是被清除

了。若不这样做，它将持续对突触后膜产生影响，导致突触后膜持续兴奋或抑制，这样会导致神经元要么"被累垮了身子"，要么"开始郁郁寡欢"。清除神经递质的方式主要有 3 种：第一种是突触前膜末梢的主动重摄取，通过一种跨膜蛋白质作为媒介，将神经递质泵回到突触前膜内；第二种是突触间隙内的酶降解；第三种是通过扩散使其远离该突触或作用区域。具体细节会在高中阶段的课本中学到，这里不再展开。

电突触传递信号与化学突触最大的区别在于，电突触没有突触间隙，两个神经元之间由细胞膜相互接触。电突触传递时依靠电流通过细胞膜引起膜电位变化，突触前神经元的动作电位到达轴突末梢，产生局部电流，引起突触后膜膜电位变化，从而引起突触后神经元的动作电位。

通过本小节的学习，相信你已经对大脑内部的"悄悄话"——神经元信号有了一定了解。没错，大脑在获得、传递，包括后续的处理信息时，使用的其实就是电信号和突触间的化学信号。

大脑的宏观组成

大脑这座神奇的"城市"作为人体最重要的中枢，无时无刻不在进行着神经元的信息交流。2000 年，诺贝尔生理学或医学奖得主、哥伦比亚大学教授埃里克·埃德尔（Eric Kandel）在他的《神经科学原理》一书中说："我们整个人类行为的复杂性，与其说是建立在不同的神经元上，不如说是依赖于神经元与神经元之间组成的这种具有精确功能的神经环路和神经网络上。"事实上，我们大脑中有千亿个神经元，每个神经元都和超过 1000 个其他神经元有所连接。试想一下，由它们构成的神经连接以及各种尺度的神经网络，将是多么庞大的数量级！接下来，我们便从宏观角度切入，认识人脑的整体构造，从另一个角度理解这座"城市"。

看一个大脑，分几步？

现在，作为参观者的我们已经钻出了大脑，恢复了日常观察事物的尺度大小。那么接下来，我们就从宏观角度观察大脑的组织结构。

为了看见一个大脑，需要分几步？我们需要穿过哪些人体组织？首先，脑袋的最外面是头发，在头发的覆盖下，是我们的头部表皮层和皮下组织，也就是我们平时说的"头皮"。在头皮的包裹下，是保护着我们大脑的一个很结实的容器——颅骨。颅骨之下是 3 层很重要的膜，从里到外分别是：硬脑膜、蛛网膜和软脑膜，如图 2-7 所示，可以看到，我们的大脑在这几层膜的包裹下装在颅骨里面，就像在一个碗里装了一块被保鲜膜包裹着的豆腐。而"碗壁"与"豆腐"间还有很多空隙，这些空隙中填充了一种液体——脑脊液。脑脊液的第一个作用，是为我们

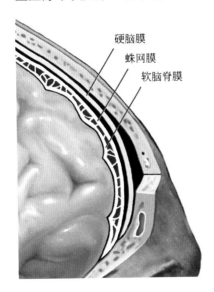

硬脑膜
蛛网膜
软脑脊膜

图 2-7　脑的被膜

的大脑提供缓震，不要小看这个作用，如果没了脑脊液，可能我们一些最日常的头部活动，如一个猛转头，大脑就会因为惯性而在颅骨里面撞来撞去。脑脊液的第二个作用，则是为脑神经组织提供营养代谢等功能。当我们一层一层地穿过这些组织，最终呈现在眼前的便是一个有些粉嫩的、正在轻微搏动的大脑，它提醒着我们这是一个活生生、有思维、有情感、有自我意识的神奇器官。

如图 2-8 所示，大脑由前脑、小脑和脑干构成。前脑包括端脑和间脑，由大脑左右半球和间脑组成，是人脑最大的结构。端脑包括两个左右对称的大脑半球和胼胝体，也是我们看到"大脑"时最吸睛的部分。细心的你也许会注意到，在大脑左右半球的表面，有许多凹凸不平的褶皱，这些褶皱的表层我们通常称为大脑皮质，又称灰质。大脑灰质主要由神经元胞体构成，可以说，大脑大部分神经元的胞体都集中在灰质上。虽然西瓜青色的表皮是我们不怎么吃的地方，好像也没什么用处，但是对大脑来说，大脑皮质却是大脑活动最为密集的地方，是人类思维活动

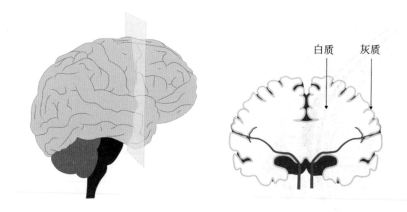

图 2-8　大脑灰质与白质

的物质基础，也是调节机体所有机能的最高中枢。在灰质深处有着与之相对应的大脑白质，它主要是由神经元中负责"打电话"的轴突构成，其主要功能就是把一个灰质皮层区域的信息，传输到另一个灰质皮层区域中去，类似于连接不同城市的高铁线路，可以把不同城市的信息进行有效的传输。

间脑主要由丘脑和下丘脑组成。如图 2-9 所示，丘脑位于间脑背侧，是皮质下区域和大脑皮质之间传递信息的主要结构，向大脑皮质传递各类感觉信号，具有调节意识水平、睡眠和警觉性等多种功能，被认为是皮质下核团与大脑皮质信息传输的通道。下丘脑位于大脑基底部，对自主神经系统和内分泌系统十分重要。它可以合成和分泌某些神经激素，这些激素反过来刺激或抑制垂体激素的分泌。此外，下丘脑还负责自主神经系统的其他功能，参与调动机体应激反应。例如，当人受惊吓时，下丘脑协调躯体本能的应激反应，调节自主神经系统，促使心率上升、骨骼肌供血增加。而在休息时，下丘脑调节自主神经系统，在确保脑的营养基础上增加肠胃蠕动，促使血液进入消化系统。此外，下丘脑还具

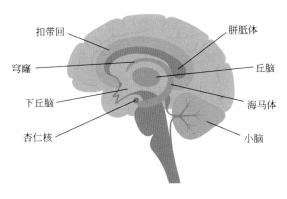

图 2-9　间脑解剖示意图

有控制体温、饥饱、依恋行为、口渴、睡眠和调节昼夜节律等功能。

小脑，顾名思义为小的大脑，如图 2-9 所示，是一块覆盖于脑干结构上部、处于脑桥水平位置的神经结构。小脑虽然只占大脑总重量的 10%，但其包含的神经元和回路比大脑的其他部位都要多。小脑能够调节运动控制，维持身体平衡，它并不直接控制运动，而是通过整合有关身体和运动指令的信息来调节运动。除此之外，还参与一些认知功能，如注意力和语言等。

脑干位于大脑后部，自下而上由延髓、脑桥和中脑组成。延髓部分下连脊髓，与脑桥共同构成后脑。从脊髓到延髓、脑桥、中脑、间脑、大脑皮质，大脑结构和功能变得越来越复杂，但这并不意味着脑干的功能仅仅是辅助性的。脑干处于脊髓以上中枢结构的最底部，起着"承上启下"的作用，所有从身体传递到大脑和小脑的信息都必须经过脑干。除此之外，脑干还具有控制心血管系统、呼吸、疼痛、警觉性、意识等与生命相关的功能。因此，脑干损伤是一个非常严重，甚至会危及生命的问题。

大脑地图

众所周知，地图是按照一定的法则，有选择地以二维或多维形式在平面或球面上表示某地区若干现象的图形或图像，能够科学地反映出自然和社会经济现象的分布特征及其相互关系。假设我们周末想要去一家新开的商场消费，首先就需要通过地图准确地得知它的定位。而我们的大脑，也是有"地图"的。有人将大脑这座城市的地图分为了 3 种模式，

分别是行政地图、道路地图和功能地图。接下来我们就来了解大脑这份
地图要如何使用。

行政地图：脑叶

行政地图就是区划图，如北京市有海淀区、朝阳区、昌平区等，大
脑也有不同的分区，我们将其称为脑叶。如图 2-10 所示，根据大脑的解
剖学分区，可以将其主要分为 4 个叶：额叶、顶叶、颞叶和枕叶。如果将
边缘系统称为边缘叶，就是 5 个叶。这些脑区的名字来自于对应颅骨的解
剖位置。额叶是额头部分对应的脑区；顶叶是头顶的区域；颞叶对应我们
耳朵上方的区域；而枕叶则是我们平躺睡觉时，后脑勺枕枕头的区域。

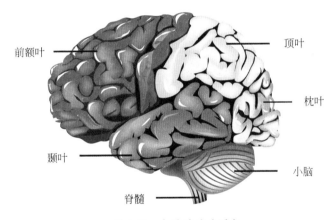

图 2-10 大脑的脑叶划分

划分城区时，不同的区域承载着不同的城市功能，如北京海淀区是
北京的科技和教育聚集地，上海浦东新区是上海的金融贸易中心。类似
地，大脑中的脑叶划分也是如此。额叶与躯体运动、语言和各类认知加
工以及情绪管理功能有关，擅长进行信息的深度加工和预测。顶叶中的
初级躯体感觉和次级躯体感觉区接收痛觉、触觉、温度感觉以及本体感

觉等信息，并在顶叶中把不同的感觉信息整合在一起。枕叶是最小的脑叶，擅长处理视觉信息。颞叶包括听觉、视觉和多通道加工区域，还有与语言有关的皮质，该区域损伤将导致失语症。此外，颞叶还与知觉和记忆功能相关。边缘叶位于大脑内侧颞叶下方，属于大脑的"城郊区域"，由扣带回、下丘脑、丘脑前核、海马、杏仁核、眶额皮质和部分基底神经节构成，参与人脑的情绪、学习和记忆的加工。

你也许会对海马和杏仁体有所耳闻，尽管它们听上去似乎与大脑有些格格不入，实际上它们的名字来源于其形状，如图2-11所示，是一种"象形名字"。海马，是一个形似海马的结构。它能够短暂存储外界信息，将其传输至皮层，形成对刺激的长期记忆。该区域参与学习、记忆过程，并在空间记忆和情境记忆中起着重要作用。杏仁核是形如杏仁状的核团，参与情感反应和社会性过程。如果你每次在体测或者考试前都会感到焦虑不安、手足无措，这并不是因为你将这种恐惧"刻进了DNA里"，也许是因为你对这些事情的负面情绪已经"刻进"了杏仁核里。

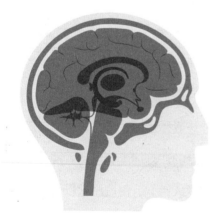

图2-11 海马（红）解剖示意图

道路地图：沟回

图 2-10 中我们可以根据颜色清楚地区分各个脑区，但是对科学家来说，他们是如何对脑叶进行划分的呢？在我们的城市里，各个区的划分，往往是以某条路作为界限，比如路的这边是海淀区，路的那边是朝阳区。脑叶的划分也类似这样，是以一些显著的结构来进行划分的。前文中我们讲到，大脑的表面有凹凸不平的褶皱。人们把凹进去的地方叫作脑沟，凸起来的地方叫作脑回，这些错综复杂的沟回就像城市地图上的道路一样，往往可以作为我们定位脑区的参照。

那么，这些沟回都是如何被命名的呢？平常我们在命名道路的时候，经常会使用区域加方位，比如中关村南大街、学院北路、北三环西路等，大脑沟回的命名也是这样。不过在大脑中显然没有东西南北这种说法，我们常用"上下""前后""内外"及"腹侧和背侧"来描述大脑中的相对方位，如图 2-12 所示。"上下"很好理解，靠近头顶的就是上，靠近脖子的就是下；"前后"也很好理解，靠近额头方向的是前，靠近后脑勺方向的是后；而"内外"是以大脑的中心轴为参照，靠近鼻子的就是内侧，靠近耳朵的是外侧；至于"腹侧"则是靠近我们肚子所在的一侧，"背侧"是靠近后背的一侧。现在，掌握了"上下""前后""内外"及"腹侧和背侧"，我们基本上在大脑里就不会迷路了。可以通过几个例子来实践一下，例如：额上回是额叶中最靠近头顶的脑回；外侧枕回是枕叶中靠近耳朵的部分等。同样的，大脑皮质区域也可以利用方位进行描述，如之前提到的前额叶皮质，就是额叶中最靠近额头的区域；而内侧颞叶则是颞叶中最靠近大脑中央的区域等。

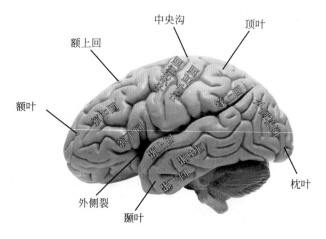

图 2-12　人类大脑皮质的左视图

　　长安街是北京家喻户晓的主干路，同时也是横贯北京城区的东西中轴线，其实在我们大脑纵横交错的道路中也有这么一条"长安街"，它的名字叫作中央沟。如图 2-13 所示，中央沟几乎从中间纵贯我们的大脑两侧，是额叶和顶叶的分界线。其周围凸起来的部分我们称之为中央前回和中央后回，这两条脑回对我们日常生活非常重要。中央前回是我们的初级运动皮层，所有对身体不同部位运动的控制都是由它参与完成的；中央后回是躯体感觉皮质，顾名思义，我们身体上的大部分感觉都由这部分感觉皮层来处理。

　　20 世纪 40 年代，怀尔德·彭菲尔德（Wilder Penfield）医生和他的同事利用脑外科手术的机会研究了病人在清醒的情况下直接刺激皮质的反应，并发现了病人的身体表面和上述这两片皮质区域之间有一种地形上的对应关系。通过把身体各部分画在运动和躯体感觉皮质的冠状切面上，他们得到了一张著名的图——侏儒图，如图 2-13 所示。从图 2-13

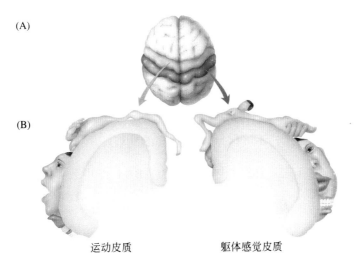

(A)

(B)

运动皮质　　　　　　　躯体感觉皮质

（A）中央前回（蓝）与中央后回（紫）；（B）大脑皮质侏儒图

图2-13　中央回示意图

中可以看到，我们主要身体部位的实际大小和该部位皮质表征的大小之间并没有直接的关系。如运动侏儒的手指、嘴部和舌部肌肉远大于正常人的身体比例，这表明当我们在操纵物体和说话时有大片皮质区域参与精细调节。

功能地图：脑区

我们知道，人脑有许许多多功能，不仅能够处理来自感觉器官的各种信息，还能够进行运动控制、认知控制、产生情绪和情感等高级认知活动。这些不同的心理体验以及行为背后，对应的大脑活动也不尽相同。对于这些大脑活动的描述，光靠大脑的结构图是不够的，我们还需要一张大脑功能地图。

人类尝试去绘制大脑功能地图，已经有100多年时间了，学者们按照多种方式对皮质进行分区，哪怕是现在，这个绘制活动也还在进行中，在这些分区中应用最广的是布罗德曼分区。20 世纪初，科比尼安·布洛德曼（Korbinian Brodmann）通过分析细胞和组织形态之间的差异，将大脑皮质划分为 52 个代表不同功能的区域。不过，经过研究者们多年的探索与修正，现在的标准版本比布罗德曼的最初版本省略了一些脑区，如图 2-14 所示，不同区域执行不同的功能。例如，布罗德曼 1 区（一般称作 BA1）表示初级躯体感觉皮层，BA4 是初级运动皮层，BA17 为初级视觉皮层，BA41 和 BA42 为初级听觉皮层等。

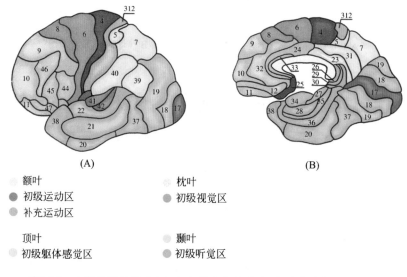

额叶	枕叶
初级运动区	初级视觉区
补充运动区	
顶叶	颞叶
初级躯体感觉区	初级听觉区

图 2-14　左半球侧面观（A）与右半球内面观（B）的大脑 Brodmann 分区

　　尽管不同的科学家可能对大脑的功能区域划分不同，但是有几条规律却是大家都心照不宣地认可的。

　　第一，大脑中的"居民们"非常团结互助。即使是一个最基本、最简单的大脑功能，也不是由单独一个神经元完成的，往往是多个神经元一起来做同一件事情。

第二，大脑中的"居民们"也存在聚居地。承载着相同或类似功能的神经元，以及神经元群，往往扎堆生活在一起，也正是基于这条规律，才有了"脑功能区"的概念。

第三，大脑也有"互联网"，通过这个网络，居民们共住"大脑村"。近几年，越来越多的研究者发现，大脑比较复杂的功能，往往是由几个小的功能区之间协作完成的。每个脑功能区不仅要完成自己的工作，还要不停地和其他脑功能区交换信息、沟通工作进展、分享工作成果。这些不同脑功能区之间的交流，就形成了脑功能网络，而这个脑网络中每一个脑功能区，就是这个网络中的一个节点。

总而言之，人类的心理活动和行为千变万化，如何绘制更精细的脑功能区图谱，为人类探索大脑提供更好更准的地图，是现在脑科学领域不断追求的目标之一。

大脑的可塑性

你认为人类大脑会发生变化吗？

2005 年《科学》杂志上的一篇文章报道，科学家发现一个和人类大脑大小发育相关的基因，这个基因被称为"异常纺锤形小脑畸形症相关基因"，它最近的一次更新，是在 5800 多年前。正是由于这个基因的更新，人类才产生了较大的脑容量，并获得了较好的认知和学习能力。5800 多年前是什么概念？要知道，我们常说中华文明上下 5000 年，和它的更新时间相比竟然还少了将近 1000 年的时间。换句话说，现代人类出生时自带的大脑，它的"预装系统"和容量大小其实与炎帝、黄帝、孔子、孟子、秦皇汉武等人并没什么太大的区别，我们都在使用最新版本，是不是感到很惊讶？

但是你可能会想：我虽然不一定会比孔子有学问，但我至少会比和他同一时代的普通百姓聪明吧？请放心，虽然大家的"预装系统"都是一样的，但是在这个基础上，由于我们接触到的外部环境、社会环境、受教育的程度、人生经历的不同等这些复杂的因素影响，我们的大脑在不断发生着或大或小的改变。也就是说，接受过现代教育的你，一定是比古代的普通百姓聪明得多。

在"大脑"这一部分中，我们已经学习了许多关于大脑结构和功能的知识，这些知识都是静态且统一的。但是每个人都有独一无二的大脑，哪怕是同一个人，大脑在他青少年时期也会与老年时期有所不同。"大脑在人们一生中是在不断动态变化的"这件事，基本上是目前科学家比较公认的看法了。

例如，我们并不是天生只会一种语言，人类大脑的"预装系统"让我们具备了习得任何一种人类语言的能力，只不过安装进去的是哪种语言，就和你的成长环境及语言学习经历有关了。不同的语言学习经历，确实也会对大脑有着不同的塑造。科学家们对不同母语人群的大脑进行了研究，对比了以汉语为母语的人和以英语为母语的人他们大脑皮层中和声调加工相关脑区的差异。我们都知道，在汉语中，同一个字用不同的音调说出来，字义就完全不同。例如，妈、麻、马、骂，都是 ma 这个音，但是声调不同，意思也不相同。但在英语里面，如 apple？

apple！无论音调怎么变，apple 还是苹果的意思。由此可见，说汉语的人，在日常语言交流中，对声调的加工显然要比说英语的人强烈得多，而这一点在大脑皮层中有很明显的反映。研究发现在和语言声调加工有关的脑区，也就是我们右侧颞叶前部的区域，汉语母语者大脑的灰质集中度，要显著高于英语母语者。你可能会问，这种差别会不会是人种差别导致的呢？研究者显然也考虑到了这种可能，他们还找来另外一组人进行验证，他们都是西方人，且是英语母语者，但是这组人都学过汉语，学龄从 3 年到 7 年不等。科学家比较了这组人的大脑，结果发现，他们的右侧颞叶前部和声调加工相关的脑区里，灰质集中度也明显增强了。此外，还有研究者发现，对于双语使用者，他们大脑里的活跃区域面积要比那些只会说一种语言的人大得多，也活跃得多。

上面的例子说明，大脑是可以改变的，也就是大脑具有"可塑性"。人们常常认为大脑的发育存在一个关键期，青春期后大脑就失去了原有的活力。然而近年来，越来越多的研究表明，成人的大脑同样具有可塑性。其实我们的大脑从未停止过改变和调整以达到最优的神经回路，只是在幼年时期这个过程发生比较迅猛。正是因为大脑具有这种可塑性，我们虽然一出生都装配了同一个"预装系统"，但是在成长中，由于环境和个人经历的不同，大脑也在进行相应地变化调整、不断地被塑造，最终形成了每个人独一无二的自我。

大脑是如何实现可塑性的？

一般来说，对大脑可塑性的讨论分为两种：一种是毕生发展期间正常大脑根据经验与学习而重组神经路径的终身能力，另一种是脑损伤之后作为补偿功能机制的神经可塑性。

关于第一种大脑可塑性的例子，比如，常年训练小提琴的人比未经过任何音乐训练的人能激活更多对应的躯体感觉皮层，而且激活区域的大小与学习小提琴的起始年龄呈正相关。

神经科学家唐纳德·赫布（Donald Hebb）提出了大脑可塑性的神经机制理论，即突触的可塑性。简单来说，就是突触前神经元向突触后神经元的持续重复地刺激，可以导致突触传递效能的增加。不过，更进一步的研究将刺激分为了高频刺激和低频刺激，对赫布理论进行了一些补充和修正。

现在我们一般认为突触可塑性主要包括两种模式：①长时程增强，即在短时间内快速重复高频刺激，突触传递效率呈现持久的增强现象，因此称为长时程增强；②长时程抑制：与长时程增强相反，长时程抑制指长时间内重复低频刺激，突触传递效率呈现持久的降低现象。长时程增强可以强化记忆的形成，而长时程抑制则对记忆内容进行选择、确认、核实，二者相互影响，调节大脑的学习和记忆功能。

除了神经元间交流效能的改变能够影响大脑的可塑性，大脑中神经元和神经胶质细胞的表型变化也能够影响其可塑性。例如，经验与学习可以驱动树突棘和轴突的生长或神经突触发生，这可能是神经回路自适应重构的基础。脑损伤可能激发突触可塑性机制，树突棘的数量、大小和形状在损伤后可以发生迅速变化，以促进功能恢复。在神经元迁移、成熟和退化过程中，星形胶质细胞的形态发生了明显变化，表现出高度的表型可塑性，不断适应大脑环境的变化。

上述这些大脑微观层面的变化能够引起宏观尺度上的功能重组，也就是我们说的大脑功能可塑性。在同一区域内同一功能可能由多个皮层区域共同执行，当主要功能部位受损时，可以通过相邻皮质的参与得到补偿，这些皮质与受损区域位于同一区域，损伤后通过代偿机制产生局部超兴奋性。若该受损区域内的再分布不足以恢复功能，则由同一功能网络的其他区域进行代偿。

2021 年《柳叶刀—神经病学》发表了一个罕见病例的研究，该病例研究的对象名叫丹尼尔·卡尔，他生下来就患有中风，婴儿时期的严重中风导致他的大脑两侧严重受损。从图 2-15 中可以看到，他的大脑与其他年轻人的相比几乎缺少了 1/4，在与运动、思考、情感、记忆等高级功能有关的大脑区域中，大量组织明显丧失。然而，丹尼尔似乎并没有出现认知、记忆或情感方面的问题，仅在运动技能评估结果中，相对于左上肢，他右上肢的力量、速度和敏捷性都更弱。如今，他已经 20 多岁，过着非常正常的生活。

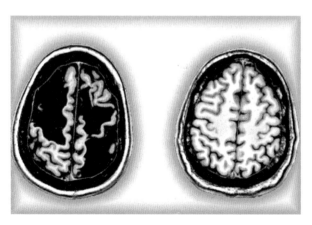

图 2-15　丹尼尔的大脑成像数据（左）与正常年轻人的大脑成像数据（右）

大脑可塑性的应用

研究大脑可塑性的原理，是为了更好地理解大脑的神经机制，进而为人类攻克神经类疾病提供可能。目前，以改善大脑可塑性为目的的治疗主要包括药物治疗、行为训练、物理调控等手段，下面我们简要介绍这几种方法。

药物治疗

改善大脑可塑性是中枢神经系统药物的重要机制。与大脑可塑性原理对应，药物治疗也可以通过两种途径改善患者脑功能，下面我们用两个例子来简单说明一下。

乙酰胆碱酯酶抑制剂主要用于治疗痴呆，可以缓解与记忆问题相关的胆碱能阻滞，促进海马的长期记忆巩固，诱导海马长时程增强。

目前研究表明，抑郁症患者前额叶皮层中的树突数量和大小都会减少。赛洛西宾是一种新型突破性治疗抑郁症的药物，它能够帮助大脑建立新的树突连接，且这些连接具有较为理想的强度和稳定性。在给药后立即形成的树突连接中，大约 1/2 的连接在 1 周后仍然完好无损，大约 1/3 的连接在 34 天后仍然完好无损。

行为训练

临床上常使用行为训练改善大脑功能。康复治疗（即行为训练）旨在改善患者的功能和生活质量。利用活动依赖的神经可塑性进行特定功能的康复可以使康复效果最大化。这一原理可以应用于不同的功能，如运动控制、语言和认知。

使用康复训练对存在阅读及言语障碍的儿童进行治疗便是一个很好

的例子。当我们阅读时，大脑需要一直不停改变眼睛运动的指令。当读到句子的一部分后，大脑就会命令眼睛移到句子的后半部分去。但是，患有阅读障碍的儿童无法完成这个动作，他们在阅读时非常慢，同时还会存在漏字、跳行等问题。在康复训练时，通过对阅读障碍的儿童进行行为训练，如用手描绘复杂的线条等，刺激患者前运动皮质区，从而改进儿童在说话、写作和阅读 3 个方面的表现。同样地，患有言语障碍的儿童在训练早期，快速变化的语音通过放大和重复播放来消除言语歧义。结果表明，经过训练后，孩子们的自然语言理解能力有了很大提高。

此外，有研究发现，利用视频游戏的计算机化程序可以改善视觉感知缺陷，以及与年龄相关的认知功能退化。而如何将一个认知领域的特定任务训练推广到更广泛的功能领域也是行为训练的一大研究热点。

物理调控

物理调控技术是通过神经可塑性的调节来改善大脑功能，主要包括有创和无创两大类。深部脑刺激，俗称"脑起搏器"，是一种经典的有创神经调控技术。如图 2-16 所示，该技术通过植入电极将电脉冲发送到大脑中特定区域，调节该区域的功能活动，从而改善患者的临床症状。目前，深部脑刺激常用于治疗特发性震颤和肌张力障碍等运动症状，也可用于治疗强迫症和抑郁症等精神疾病。对于不同疾病，脑刺激的电极植入位置也不相同，其中最常见的植入位置是与帕金森病相关的丘脑底核附近。除此之外，人们还在积极研究将其用于治疗抑郁症和其他精神疾病。

无创神经调控技术又称非侵入性脑刺激技术，主要包括经颅电刺激、经颅磁刺激等手段。经颅电刺激通过附着在头皮表面的电极施加微

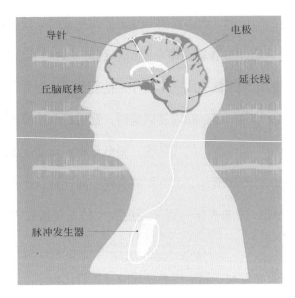

图 2-16　深部脑刺激示意图

弱的电流刺激（一般不超过 2 毫安）。电流在电极间流动的过程中会穿过头皮、颅骨和脑脊液到达大脑皮质，调节皮质组织区域内神经元膜的极性，进而影响神经元兴奋性、改变神经元活动。经颅磁刺激是一种基于法拉第电磁感应原理，通过外部变化的磁场在大脑中诱导产生电流的无创神经调控技术，因此也被称为"基于电磁感应对大脑进行的无电极电刺激"。在研究大脑机制及疾病治疗中显示出了较好的应用前景。

正所谓"活到老，学到老"，大脑可塑性研究在一定程度上说明了成年后人类仍然可以通过学习和训练锻炼我们的大脑。然而人类大脑可塑性的机制目前还尚未完全明了，学习是如何引起脑活动状态变化的，大脑皮层功能的变化与脑内神经元、突触之间存在怎样的联系，脑发育的关键期和可塑性的关系等一些更深入的问题，目前也都还不太清楚，这些都是将来需要科学家不断探索研究的问题。

此外，对人类大脑的研究和模拟是推动人工神经网络进步的重要手段。关于这部分的内容，将在书中后续章节中进行介绍（详见第 5 章）。若你对这些问题同样感兴趣，也欢迎你在不久的将来加入进来，共同探索大脑的奇妙。

小结

在这一章中，我们首先从微观角度学习了大脑的神经基础。神经元作为大脑中的"居民"，数量可达成百上千亿个，其大部分的活动都在胞体完成，而树突和轴突则是它们用来相互交流的物理通路。神经胶质细胞作为城市中的后勤系统，为神经元的正常工作保驾护航：有的胶质细胞组成了一个结构网络，像胶水一样，能把神经元固定住；有的胶质细胞可以在大脑中移动，担任着"城市"的监视与修护工作。

神经元细胞的信息交流除了依赖于树突和轴突的物理通路，还依赖于神经元间的突触，同时也离不开其动作电位的产生与传导。这些神经元的相互交流和连接组成了不同的神经环路，进而能够使大脑具有宏观的结构和功能。大脑由前脑、小脑和脑干构成，每个部分都承担了属于自己的责任，它们相互协作，缺一不可。

人类大脑具有可塑性，神经元和神经胶质细胞的表型变化能够影响其可塑性，神经元间的交流效率也能够通过刺激而改变。药物治疗、行为训练和物理调控是目前较为常用的 3 种改善大脑可塑性的手段。大脑可塑性研究在一定程度上证明了"活到老，学到老"背后所蕴含的科学道理，也激励着科学家对其展开更深入的研究与探索。

3 脑认知科学的兴起

通过前两章的介绍，我们对脑科学发展的历史及大脑的神经生物机制有了初步的认识。现在，相信你已经对大脑传导机制，如神经细胞在大脑中扮演怎样的角色、信息如何从一个神经元传递到另一个神经元等，理解得比较清楚；对不同脑区的功能划分也有一定的了解。那么，恭喜你！你已经穿越时空，站在巨人的肩膀上看到现代科学家的研究前沿了。

然而，只了解神经细胞如何处理信息是不够的。大脑作为人类最复杂的器官，除了调节人体功能外，也是意识、精神、语言、学习和记忆等高级神经活动的物质基础。这些神奇的高级神经活动即人的脑认知功能，它们不仅决定着人类在大自然中的特殊与高等，也吸引着科学家们对其孜孜不倦地研究。

了解脑认知功能产生的机理，对于人类发展具有重要意义。比如在人工智能领域，想要设计出一个能够根据指令完成动作的机器人，就需要知道人的大脑是怎样处理语言和进行运动控制的。在这一章中，我们将介绍几类经典的脑认知功能——感知觉、运动控制、记忆与注意。

大脑的知觉与感觉

你能分清知觉与感觉吗？从科学的角度讲，知觉通常由视觉、听觉、嗅觉、味觉和触觉5种感觉整合得到。在正常人的知觉中，各种感官的相互作用是十分重要的，它们互相协调，构成认知功能的基础，使你能够完整一致地感受这个世界。接下来，我们将简单地介绍各个感觉，以及一些生活中常见现象背后蕴藏的感官系统"秘密"。

五感的"主角"—— 视觉

假如让你失去一种感觉，你最不想失去的是哪种呢？我猜大多数人的选择都会是视觉。人类所感知的外界信息中80%的信息都来自于视觉，并且人类大脑皮层的1/3面积都与视觉相关——视觉，是当之无愧的五感"主角"。

你知道吗，人的眼睛是分主副眼的，在专业术语上称为优势眼和非优势眼，或左/右利眼，就像左/右利手一样。想知道究竟哪只眼睛是自己的优势眼吗？你可以做一个这样的小测试：

首先，将手臂伸直置于胸前，双手外翻并交叠，使两只手的虎口处可以形成一个三角形小孔（越小越好）；其次，通过虎口间的小孔寻找一个远处的物体，可以是墙上灯的开关，或是窗外的路灯，保持两眼同时睁开的状态，移动手臂，使这个物体处于小孔的中央；最后，保持身体不动，轮流闭上一只眼睛。若你看到这个物体仍在小孔中央，那么此时睁开的那只眼睛就是你的优势眼。有研究表明，较多数人都是右利眼，仅有 30%～50% 的人为左利眼。怎么样，你的优势眼是哪只呢？优势眼的作用主要是单眼视，假如你老花眼了，需要一只眼睛看近，一只眼睛看远，医生就会根据你的优势眼来选择。

测试完优势眼，你可能会想：既然我的大脑更"信任"某一只眼睛，那为什么人还需要两只眼睛呢？实际上，我们的眼睛就像照相机一样，能够感受光线的强弱，但是一只眼睛只能得到一个平面图像，因此只能确定物体的方位，无法判断物体的距离。而当人用两只眼睛注视物体时，双眼分别能获得一个不同位置的物体图像，这两个图像之间存在一定的水平差异，即视差。视差经大脑加工后，便产生了使我们能够感知三维空间各种物体远近前后和高低深浅的立体视觉。

立体视觉并不是天生的能力，当我们还是婴儿的时候，必须通过体验周围的空间去学习这种能力。依靠移动身体、触摸物体以及保持平衡，我们才能在大脑中构建周围环境的立体地图。在消化这些经验的过程中，我们掌握了三维空间特征，从而形成立体视觉。依靠精确的立体视觉，我们才能快速判断物体与自己的距离，能够在复杂环境中安全地移动。

由此可见，视觉是十分重要的。那么我们是如何获取视觉信息，大脑又是如何接收、加工这些信息的呢？

视觉信息包含在物体反射的光线中，由眼睛进行接收和处理。如图 3-1 所示，光线通过角膜折射和晶状体聚焦后，图像会被反转，然后

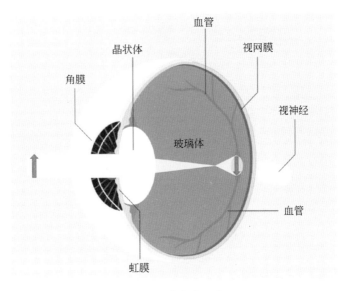

图 3-1 眼睛成像示意图

通过充满眼眶的玻璃体到达眼球的后表面——视网膜。视网膜上的感光细胞将光刺激转换为大脑可以理解的神经信号，从而对视觉信息进行汇聚。最终，视网膜上的另一类细胞——神经节细胞将信号传出，通过视神经传递到中枢神经系统，在那里，大脑处理这些信号并形成视觉。

图 3-2 展示了视觉信息是如何从眼睛传递到大脑的。可以看到，每个眼睛对应的视神经分为两部分：颞侧（靠近耳朵侧）和鼻侧（靠近鼻侧）。由于光沿直线传播，右视野的光线经过小小的瞳孔，投射在眼球的左侧视网膜上，并由对应的视神经进行传递，即右视野的物体会刺激左眼视网膜的颞侧和右眼视网膜的鼻侧，左视野同理。在这之后，颞侧的视神经分支继续沿着原先的方向前进，而鼻侧的分支则经过视交叉投射到相反的一侧，最终使右视野的所有信息被投射到大脑左侧半球，左视野的所有信息被投射到大脑右侧半球。

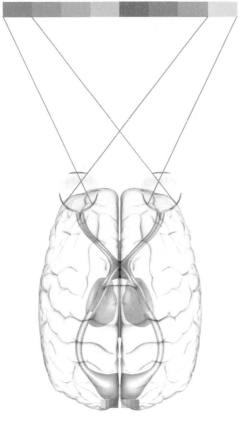

图 3-2　视觉系统的初级投射通路

　　当信息进入大脑之后，根据视神经终止于皮质下结构的位置，视觉通路可以分为视网膜 - 膝状体通路和视网膜 - 丘体通路。图 3-2 所示的就是视网膜 - 膝状体通路，这条通路包含超过 90% 的视神经轴突，你可以简单理解为有 90% 的视神经通过这条路将信息传递至大脑皮层的初级视觉皮层。在这之后，信息再次"兵分两路"：一路由大脑背侧延伸向顶叶，即"向上走"，这条通路负责对运动视觉、空间方位等位置信息的分析，因此也称 where 通道；另一路由大脑腹侧投射至颞叶，即

"向下走"，这条路负责对物体的辨认，因此也称 what 通道。而剩下 10% 的视神经则将视觉信息传到了其他皮质下结构，如上丘和枕核。虽然 10% 听上去并不算多，但由于人类视神经十分丰富，10% 的视神经轴突可能就与一只猫的视网膜神经节细胞总数相当。

在这里我还想向你分享一个概念——盲视。你可能觉得这个词非常奇怪：既然已经是"盲"了，怎么还能"视"呢？实际上，"盲视"的意思是眼睛完好，但视觉皮层的某块区域受到损伤，导致患者的大脑虽然可以接收新的视觉信息，却不能有意识地进行信息获取，换句话说，就是看见了，但意识不到，用一个成语来形容就是"视而不见"。

有趣的是，一些盲视患者也能对盲视视野内的信息做出反应，他们的盲视似乎是相对的。例如，有些患者能说出盲视视野内物体的颜色，但他们不会主动说看见了什么颜色，只有在必须对颜色做出猜测的时候他们才会说出来。造成这一现象的原因可能是盲视患者大多受损的是视网膜 - 膝状体通路，而并未受损的视网膜 - 丘体通路仍可以处理一些低级视觉信息。

五感的"配角"—— 听觉

在开始学习这部分内容之前，你可以做个小游戏：找一位朋友，告诉他你将要说一句英文，然后不发出声音，仅用口型说"elephant juice"，说完后让他猜猜你说了什么——他大概率会回答"I love you"。这两句话的口型几乎是一致的，但表达的意思却天差地别，可见听觉作为日常生活中视觉的重要补充，虽然被称为"配角"，但在我们感知世界的过程中也同样扮演着重要的角色，大脑在缺少听觉信息的情况下，很有可能会产生错误的判断。

我们是如何听到远处的声音，并准确地定位声音来源的呢？人类之所以能够识别声音并判断其产生的位置，很大程度上依赖于听觉系统。听觉系统由耳朵和相关脑区组成。耳朵由外耳、中耳和内耳3部分组成，其主要任务是将声音转化为神经信号，为了更好地了解它的工作原理，让我们跟随声音进行一场"耳朵之旅"吧！

声音以波的形式通过空气、液体或固体等媒介传播至外耳，外耳包括耳郭和外耳道，主要起集声作用。如图3-3所示，声波在外耳集合后，由中耳的鼓膜、鼓室和听小骨传递至内耳。鼓膜，顾名思义，是一种与鼓面相似的膜，声波可以使其产生震动，就像敲鼓时鼓面的震动。鼓膜会牵引听小骨一起震动，从而推动耳蜗中的液体流动——这便将声音传到了内耳。内耳由半规管、前庭和耳蜗组成，其中耳蜗是听觉系统

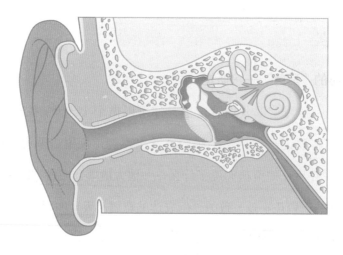

图3-3　人耳横截面示意图

的主要部分。耳蜗形似蜗牛壳，是一个内部充满着液体的盘旋骨管。耳蜗内部有一种叫作基底膜的膜状结构，基底膜上覆盖有特殊结构的毛细胞，它们会随耳蜗中液体和基底膜的震动而摇摆。而这一动作会引发膜电位变化并释放神经递质，使得支配毛细胞的听觉神经产生兴奋和冲动，进而将声音信息传到听觉中枢，最终由大脑皮层解析识别，形成听觉。

声音频率对于听觉系统十分关键。人类听觉的敏感范围为 20~20 000 赫兹，但是对 1000~4000 赫兹的刺激频率最敏感，这个范围涵盖了人类日常生活起到关键作用的大部分信息，如婴孩的啼哭、引擎的轰鸣等。频率的变化不仅影响着听者对于所听内容的分辨，也包含着声音来源的信息，通过这些信息，我们可以知道发出声音的物体是什么。这是由于基底膜震动时，并非所有毛细胞都会随之震动，依据声音频率的不同，只有一些特定的毛细胞才会摆动。而发声物体具有的独特共振特性，可以使它与其他物体区别开来，即使是同样的音，在钢琴和古筝上被弹奏出来也会听起来完全不同。同样的道理，讲话时所发出的不同声音，也是通过改变声带的共振特性以及配合口腔、舌和嘴唇的运动完成的。日常生活中的自然声音是由复杂频率构成的，如此一来，特定的声音激活特定范围的毛细胞，从而在大脑中产生特定的听觉。

解决了如何听到和分辨声音这个问题之后，我们还需要了解声源的定位问题。你在生活中是否也有过这样的经历：在家里找不到手机时，叫人给手机打个电话便可以很轻易地根据铃声找到手机，这一过程我们称为定位。以听声定位的模范代表——蝙蝠为例，如图 3-4 所示，蝙蝠

图 3-4　蝙蝠回声定位

在飞行中发出高频声音，再由周围环境中的物体将这些声音反射回来，通过这些回声，蝙蝠的大脑建立了对周围环境和其中物体的声音图像，从而保证自己可以及时避开障碍物。虽然人类的听觉系统没有蝙蝠这么灵敏，但我们的大脑也可以对比进入两个耳朵的声音在强度和时间上的微小差异，以此在空间中对声源定位。

当一个声源发声时，声源到两耳的距离一般来说并不相等，因此到达两耳的声音也就不完全相同，而是具有一定的时间差和强度差。举个例子，如果一个声音从你的左侧传来，声波会先到达你的左耳，再传入右耳，这就形成了微小的时间差。同时，由于声音通过头颅时会造成一定的衰减，因此左耳所接收到的声音强度会高于右耳，从而造成强度差。这些信息会到达脑干的特殊位置，由其分析后将结果反馈给大脑，这样一来，我们便能对声音的来源进行精准定位。由此可见，听觉系统十分依赖整合双耳信息来实现定位。因此，在过马路时戴耳机听歌，哪怕只戴一只耳机都是很危险的行为。

以上情况是水平平面的声音定位机制。如果声源来自你的垂直平面，声源到两耳的时间差和强度差就没有太大变化，此时就无法通过刚才的 2 种方法进行垂直定位。那么我们是如何进行垂直定位呢？实际上，我们的耳郭具有不规则的褶皱（用手就可以摸到），这些褶皱的作用便是对声音形成反射。当声源沿着垂直方向移动时，直接进入耳道和经耳郭褶皱反射后的声波组成的复合声，由于声源位置的高低而产生微小的不同，从而实现对声源的垂直定位。

五感的"记忆和情绪担当"—— 嗅觉与味觉

前面介绍的视觉与听觉能够使我们感受外界的物理信息，除此之外，我们还能感受环境中化学物质的刺激。比如，空气中有许多挥发性的小分子可以通过人呼吸或主动地吸气进入鼻腔，这就是嗅觉产生的基础；食物中的化学物质与舌头上的味觉感受器相接触，这是味觉产生的基础。嗅觉与味觉也是 2 种十分重要的感觉，这一点在动物身上尤为明显。对于一只昼伏夜出的小老鼠，它常需要通过气味来警惕天敌，一旦闻到细微的猫的气味，便赶紧藏好；也需要通过气味来寻找食物，并且判断食物是否无毒。味觉是对水溶性化学分子的感觉功能，能够作为嗅觉的补充来识别食物的性质，从而调节小老鼠的食欲并控制摄食量。可是为什么说嗅觉和味觉是五感中的"记忆和情绪担当"？不要着急，接下来就让我们一起来揭秘人体嗅觉和味觉的神奇之处吧！

嗅觉 带有气味的小分子可以通过 3 种方式进入鼻腔：第一种是随着正常呼吸或者我们主动去闻的过程中流入鼻腔；第二种是被动地流入

鼻腔，因为鼻腔中的气压一般都比外界环境要低，气味分子会随着空气向气压较低的地方移动；第三种是通过鼻腔后嗅觉，进入口腔的气味分子也可以传到鼻腔内。气味分子进入鼻腔后就附着在位于鼻腔顶部黏膜中的嗅觉感受器上，即嗅细胞。嗅细胞是一种双极神经细胞，它的树突和轴突从其细胞体的反侧面延伸出来，当嗅细胞一端接收到气味分子时，信号就被传输到另一端的嗅觉信号处理第一中枢——嗅球。嗅球神经元（即嗅小体）离开嗅球后形成嗅神经，后者将信号传递给初级嗅皮质，也称次级嗅觉加工中心，它在判断是否有新气味出现时扮演着重要角色。

作为呼吸兼嗅觉器官，鼻子实际上有一个"秘密"。我们先来做一个小实验：把手指放在两个鼻孔的下方，然后正常呼吸，感受鼻子呼出的气流。你有什么发现吗？

很多人并不知道，鼻子的左、右鼻道其实不是同时工作的，而是交替工作的，它们每 30 分钟到 7 小时轮换一次。当然，交替工作并不意味着休息的那个鼻道完全不参与呼吸，它只是在轮休时作为辅助鼻道而已。鼻子的这种轮班行为，在医学上被称为生理性鼻甲周期或鼻周期，这实际上是身体的一种自我保护机制。由于肺需要温暖湿润的空气，所以鼻子的一个重要工作便是温暖并加湿所有进入肺部的空气。如果不中断地让空气进入同一个鼻道，它就会变干甚至破裂，造成鼻出血或鼻科疾病，甚至影响嗅觉。

除此之外，左、右鼻道分别运行时，人的身体状态会有一些区别。当左鼻道运行时，身体器官的所有活动都会减缓下来，血压会降低。所以睡眠、犯困或情绪稳定时，多依赖左鼻道。与此同时，左鼻道还具有很强的判断力，辨别气味更准确。而当右鼻道运行时，整个身体的状态都处于活跃趋势，此时血压升高，每个器官都处于亢奋的状态。所以人在情绪波动时，多半用右鼻道呼吸。此外，用右鼻道闻东西时，往往对气味的印象会更深刻。

你是否有过被某种特殊的气味带回到很久以前记忆中的经历？影视剧中常常有这样的桥段：主角在外地偶然闻到某道菜的香气，便勾起了自己对家的记忆。为什么气味会与记忆紧密相关？一些科学家认为，嗅皮质与边缘皮质存在直接连接，而边缘皮质与记忆和情绪紧密相关。气味会比相关的视觉刺激更加稳定地激活边缘系统，从而触发记忆。

味觉 当食物刺激味觉细胞中的感受器，味觉系统的感觉转换就开始了。味觉细胞位于味蕾中，味蕾大部分都位于舌头上。基本味觉包括酸、甜、苦、咸和鲜，位于舌头不同区域的味蕾对于不同味道的敏感程度不尽相同，如图 3-5 所示，对甜、咸、酸、苦更为敏感的味蕾依次分布在舌尖、舌头两侧前半部分、舌头两侧后半部分和舌根。而"鲜"指吃牛排或其他蛋白质丰富的食物时所尝到的味道，并没有明显的敏感味

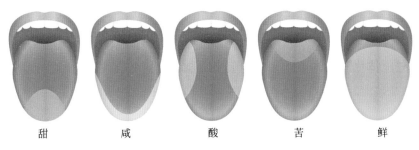

| 甜 | 咸 | 酸 | 苦 | 鲜 |

图 3-5　味蕾分布示意图

蕾分布趋势。我们常说的"辣"其实并不属于味觉，而是痛觉的一种。你可能会好奇为什么有的人"无辣不欢"，而有的人却"滴辣不沾"呢？这是由于味蕾与疼痛纤维正好是相连的，味蕾越敏感的人，痛觉感受器也越多，而且味觉能力受先天影响比较大，所以吃辣的爱好通常会遗传。不过，味蕾也会适应刺激，所以生活中也有很多人通过后天的饮食习惯，培养出了对辣的耐受度。

　　每种味觉刺激都有不同的传导机制，能够转换不同的化学信号形式。味觉信息从味蕾传到初级味觉轴突，至脑干、丘脑，最后到达触觉及味觉皮层。初级嗅觉皮质与眶额皮质的次级加工区域相连接，人们所体验到的复杂味觉，就是由味觉细胞传递的信息经眶额皮质加工后整合得到的。除此之外，眶额皮质似乎也在加工摄入食物带来的愉悦感中起到了重要作用。

　　味觉与嗅觉常常被放在一起，不仅是因为这两种感觉都是化学感觉，还因为你能够尝到的味道在很大程度上都依赖于闻到的气味。正是由于刚才提到的鼻腔后嗅觉，进入口腔的食物分子也可以传到鼻腔内。实际上，我们对此早就有所体会——小时候抵触喝药，家长会告诉我们捏着鼻子喝会让药变得不那么苦；感冒鼻塞时我们往往因为尝不出饭菜的鲜美而食欲下降。这正是由于嗅觉信息获取受阻，导致我们无法"全方位立体化"地感受食物的味道。由此看来，我们形容一道菜好吃时往往称赞其"色香味俱全"也是有一定道理的。

　　通过上面的学习，现在我们可以回答这一小节最开始的那个问题了：无论是闻味思乡，还是抵触喝药，嗅味觉与记忆情绪间的密切联系使得它们当之无愧地被称为五感中的"记忆和情绪担当"。

五感的"'弦'担当"——触觉

初见标题，你是否会感到疑惑："'弦'担当"是什么？物理学家认为，弦理论有 11 维，包含 10 维空间和 1 维时间。类似地，我们标题里的"'弦'担当"要表达的就是这样一种多维的概念。实际上，一切由皮肤 - 大脑完成的感觉都是触觉，它能够传递多维信息，包括触摸、压力、震动、温度、痛感以及四肢位置等。

皮肤是人体最大也是最早发育的感觉器官。当我们用皮肤触碰一个物体时，触觉系统可以告诉我们物体的形状、大小和表面结构等物理信息。皮肤下方包含了多种躯体感觉感受器，其中梅克尔小体探测一般的接触，迈斯纳小体探测轻微的接触，环层小体探测深层的压力，鲁菲尼小体探测温度。除此之外，疼痛由疼痛感受器或游离神经末梢探测——这些细胞有些有髓鞘，有些无髓鞘，它们的激活通常会使你立刻产生行动。在一些特殊情况下，比如手指被针扎或接触到高温的物体，有髓鞘的疼痛感受器会使你产生一个快速的缩手反应，这一反应一般由脊髓而非大脑控制，因此往往在你意识到疼痛之前，你的手就已经远离了"危险源"。而无髓鞘纤维则与最初刺痛后持续时间较长的更钝一些的疼痛有关，这是提醒你注意关照受到损伤的皮肤。

疼痛对身体来说是一种重要的警告功能，极端温度、伤口、发炎、腐蚀性试剂、中毒、外力等刺激都会触发该反应。当然，疼痛接收器也不会过度灵敏，而是需要刺激达到一定阈值时才会做出反应，其灵敏度受到组织内部的化学信使调节。当关节、牙齿或别的部位发炎时，人体组织会将体内环境酸性化，此时会产生大量的化学信使，用来降低我们的疼痛阈，这意味着我们对疼痛将变得更加敏感。因此，发烧的人往往感到浑身酸痛乏力，这便是身体为了避免遭受更多的伤害而强迫我们卧床休息，提醒我们要耐心静待痊愈。

你害怕打针时所带来的疼痛吗？在这里我可以教你一招：打针前可以提前按压将要接收针刺的部位，这在医学上被称为"加压麻醉"。其原理在于，按压皮肤所产生的刺激会叠加于痛感刺激上，从而相对减轻痛感。

有人说，带汗毛的皮肤可以传递情绪。1993 年，瑞典的神经生理学家艾克·沃柏（Ake Vallbo）与同事首次在人类有汗毛的前臂皮肤上发现了特异性传递触觉情绪信息的神经纤维——CT（C-tactile）纤维。此后的研究表明，CT 纤维仅被发现于有毛发生长的肌肤上，且对接近人体皮肤温度的、速度介于每秒移动 1～10 厘米的触觉刺激具有十分强烈的反应。换句话说，CT 纤维的功能与其他触觉神经纤维不同，它不仅传送触觉的物理信息，还在心理层面给予我们独特的感受。如此看来，"带汗毛的皮肤可以传递情绪"这一说法确实是有科学依据的。

实际上，触觉由 2 个系统组成，除了能够帮助我们解析触摸物体信息的感觉 - 辨识系统外；还有一个动机 - 情绪系统，帮助我们在人际互动中沟通情感。当我们伤心时，家人或朋友的拥抱能安慰我们的情绪；轻轻捏住小朋友婴儿肥的脸蛋，会自然而然地产生"小朋友真可爱"的想法；和喜欢的人并肩，手背不经意的触碰，会让自己的心里小鹿乱撞……这就是触觉的情感力量。研究表明，在悠久的生物进化过程中，人类已经发展出独立加工触觉情绪信息的神经网络。我们在接受轻抚或拥抱时获得的愉悦感，不仅是触摸动作的副产品，更是真正具有生存适应意义的。

运动控制

正如前文所描述的，知觉可以帮助我们探测、分析和估计环境变化，并做出恰当反应。"做出反应"往往涉及运动系统复杂的计划、协调和执行动作的能力。举一个简单的例子，现在正在阅读这段文字的你要伸右手拿起手边的水杯喝水，以你的躯干作为参照系，在这个过程中你的手从书的侧边离开，产生一个向右的位移直到水杯处，又产生一个向左上方的位移将水杯送到嘴边。手的运动状态从静止开始，经历向右的加速运动，向右的减速运动，静止，向左上的加速运动，向左上的减速运动，静止到嘴边，再由手腕发生旋转，使水能够自然流进你的口中。你的五指经历了从自然放松，到张开，再到握住水杯的过程。在这整个运动过程背后，是大脑一边在发出指令控制上肢的运动，一边根据视觉和触觉的反馈修正着运动控制，保证水不会洒到身上或书上。

一个简单而日常的动作背后竟然蕴藏着一系列如此复杂的反应，遑论那些更加复杂的运动了，如花滑运动员在冰面伴着音乐优美地舞蹈、短跑运动员听到发令枪声后迅速起跑、钢琴家在琴键上娴熟的指法技巧……但总体来说，这些复杂运动控制可以抽象成一些简单的模型与类别，通过学习这些模型，可以帮助人们举一反三地理解运动控制的复杂过程。

运动是如何产生的?

根据运动的复杂性和受意识控制的程度，一般将运动分为 3 类：反射运动、随意运动和节律性运动。其中，反射运动是最简单的运动形式，膝跳反射便是最典型的代表，这类运动一般不受意识控制，运动强度与刺激大小相关。随意运动，顾名思义，一般是根据主观意愿行动，具有一定的目的性，其方向、轨迹、速度等均受意识控制，并且在过程中也可以"随意而行"，比如刚才提到的喝水动作。最后一类运动则是介于反射运动与随意运动之间的一种形式，你可以随意指使它开始或停止，但是在开始后不需要你有意识地"盯"着它，它可以自己一直重复下去，比如走路时左右胳膊的自然甩动，当你走路时将双手从口袋里拿出，自然地垂落，它们便会在你没有意识到的情况下前后摆动。顺带一提，这种走路方式才是符合生理的、正确的走路姿势。以上 3 种类型的运动便可将我们日常生活中所有的运动形式概括起来。

成年人一般有 206 块骨骼，它们组合成许许多多的活动关节，在600 多块肌肉的作用下产生无数或简单或复杂、或快速或精细的动作。人体的任何运动都受到神经系统的调控，只不过简单的反射运动一般都由脊髓"处理"了，只有较为复杂的运动才需要忙碌的大脑"过问"。外部世界由上一节中介绍的感觉神经系统，将光、声、味、嗅、触等物理或化学能量转换，形成大脑细胞间可以交流理解的神经信号。复杂运动的计划、控制、学习、适应和掌握除了需要依靠这些感知觉的信息反馈，还常常受到注意力、主观动机和情绪等方面的影响。这些综合因素被大脑整合后产生对环境做出的复杂行为反应的指令，大脑运动系统再将其转换成一系列严格控制的肌肉收缩指令并下达，最终实现运动行为。这表明运动控制不仅和大脑的感觉系统有关，同时还与意识、学习、记忆等大脑的高级认知功能具有密切联系。

刚才提到，简单的反射运动一般都由脊髓"处理"，实际上，在脊髓内部，有大量的协调控制某些运动的神经环路，特别是那些重复性运动的环路，这些运动被大脑的下行指令影响、执行和修饰。接下来，我们就来介绍运动系统的结构以及它们之间是如何互相联系的。

运动系统的"执行者"

首先我们来了解运动系统的基础结构（图 3-6）。身体可以运动的部分称为效应器，除了那些离身体中线较远的远端效应器，如手、手臂、

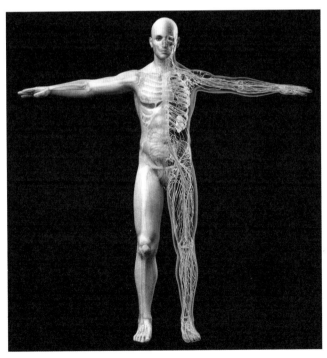

图 3-6　人体肌肉、骨骼及神经的解剖示意图

脚、腿等，还有离身体中线较近的效应器，如肩、肘、腰、颈等。上下颌、舌以及声道是发出声音的核心效应器，而眼睛则是视觉的效应器。

各种形式的运动都由一个或一组控制肌肉状态变化的效应器产生。肌肉由弹性纤维组成，弹性纤维可以改变自身的长度和张力。这些纤维与骨骼在关节处相连，并通常组成拮抗的一对，即它们的作用结果相反，从而使效应器发生运动。例如，屈伸小臂时，肱二头肌和肱三头肌就组成一对拮抗肌，肱二头肌收缩、肱三头肌舒张使肘关节弯曲，小臂屈起；反之，肱二头肌舒张、肱三头肌收缩则使肘关节伸展，小臂放下。

运动系统的"高层"们

正如前文所说，运动的脊髓控制只是最简单、基础的部分。如果将运动系统看作一个等级结构，位于最低层级的就是脊髓（图3-7），它提供了神经系统和肌肉的联系点，一些简单的反射运动也在这一水平进行控制。而位于最高层级的是大脑皮质的运动前区和联合区，这些区域负

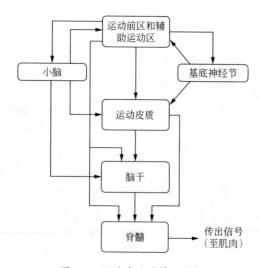

图3-7 运动系统的等级结构

责运动计划，即确定运动的目标和达到目标的最佳运动策略。在小脑和基底神经节的帮助下，运动皮质和脑干将动作指令转化为运动战术，即肌肉收缩顺序、运动的空间和时间安排，以及如何使运动平滑而准确地达到预定目标，最后由最低层级——脊髓负责运动的执行。最高层级可能并不关心运动的细节，而是为低层级将运动指令转化为运动提供计划和指导。接下来，我们就来简单介绍一下这些运动系统中的高级层级。

运动系统的高级层级包括脑干、小脑、基底神经节以及运动皮质等（图3-7）。其中，脑干是维持个体生命最为重要的部位，包括心跳、呼吸、消化在内的一系列重要生理功能。小脑是一个忙碌的"中转站"，接受控制运动的各类信息又将这些信息整合转化进行传出的工作，能够帮助保持运动的协调以及维持平衡。基底神经节是5个核团的总称，与小脑有一些相似之处，但其消息的输出主要是上行的，即通过丘脑投射至大脑皮质的运动区和额叶区域。大脑运动皮质可以直接或间接地控制脊髓神经元的活动，并制定运动计划。各个运动区域的协同工作最终使我们实现对运动的计划和执行。

通过对运动系统的高级层级进行简单了解，我们知道能够直接唤醒运动神经元的结构是脊髓，而脊髓可以接受来自2个上级的指示——大脑皮质和脑干。这些信息沿着2条主要的通路下行到脊髓，分别为外侧通路和内侧通路。外侧通路参与肢体远端肌肉装置的随意运动，比如喝水的例子，该通路受皮层直接控制。内侧通路参与身体姿势和行走运动，如我们在静止或运动状态下保持头部稳定，这一过程受脑干控制。

运动障碍患者的"身不由己"

到目前为止，我们了解了一些基本的运动生理学知识，也已经知晓神经通路对运动控制的重要作用。那么试想一下，如果与运动控制相关的神经系统出现问题，会发生什么严重的后果呢？如果人体遭遇了神经系统疾病、精神障碍或外伤等问题的侵扰，就会产生运动的兴奋或是抑制，甚至不能由意志所控制的现象，又称运动障碍。在本部分，我们将对常见的运动障碍疾病进行介绍。

皮质区域损伤

正如上一小节所说，大脑皮质可以直接或间接地控制脊髓神经元的活动。其中，运动皮质是负责掌控自主运动的区域，为熟练动作的产生提供最为重要的信号，同时，它也接受几乎所有参与运动控制皮质区域的输入，以及皮质下结构如基底神经节和小脑的信号输入，可见其作用不容小觑。

运动皮质的损伤通常会导致偏瘫。患者会因此失去受损伤脑区对侧身体的自主运动，这也强调了运动皮质对运动控制的重要作用。

偏瘫的病因多样复杂，任何导致大脑损伤的原因都可引起偏瘫，其中脑血管病是最常见的原因，例如颅脑外伤、脑血管畸形等。在众多因素之中，脑卒中占据主导，高达 90% 以上的偏瘫由脑卒中造成。脑卒中疾病的形成是由于脑部血管突然的破裂或者血管阻塞，使血液不能流入大脑，最终导致脑组织损伤而造成惨剧。在 2021 年数据统计中，脑卒中已经成为我国成人致死、致残的首位病因。

当出现偏瘫症状后，患者通常会发现一侧的肢体完全不能运动。这并不是患者的意志或者意识产生了问题，他们往往竭尽全力但是依然无法移动自己的肢体。并且，患者从偏瘫中康复的概率很小。如果运动皮质遭受损坏，病人极少情况下能重新获得控制对侧肢体的能力。重新的运动存在可能，但只是在执行不需要独立控制和多关节协调的粗略运动时，例如，当一位患者的腿因偏瘫受到影响时，他或许可以再次走路，但是姿势却很难恢复到从前。

还有一些皮质损伤导致运动协调功能出现缺陷，这些缺陷并不能归结于偏瘫、肌肉问题所导致的无力、感觉缺失或动机缺乏。这类病症被称为失用症。从字面义来看，"失用"是指"没有动作"，在更广泛的意义上表示运动技能丧失。例如，一位双侧顶叶损伤的患者不能再继续做切鱼片的工作：她可以正确地将刀插在鱼的头部，并准备一刀砍下去——就像她过去已经做过上千次的那样，但是这时动作停止了，她表示：自己知道如何完成动作，但是却无法执行动作。此外，她还经常发现自己把装糖的碗放进了冰箱，或把咖啡壶放进了烤箱。她保留了肌肉运动的能力，但是不能把动作和相应的任务联系在一起，或识别出物体的正确用途。

神经学家还将失用症分为了两种子类型：意向运动性失用和观念性失用。意向运动性失用症的患者似乎有对预期动作的粗略理解，但是不能适当地执行动作。如果要求患者模仿如何梳头，他们可能会不断地用拳头敲击头部。观念性失用症则更加严重，患者不知道动作的目的，他们可能再也不能理解工具的正确使用方法。例如，一个患者用梳子来刷牙，这个动作表明他可以做出正确的姿势，但却使用了错误的工具。

皮质下区域：小脑和基底神经节损伤

大脑皮层以下所有的脑结构可以统称为皮质下，这一部分继续对皮质下结构的损伤展开说明。参与运动的皮质下结构主要包含小脑和基底神经节。其中小脑作为人体重要的运动调节中枢，起着对运动执行信息传入与传出的作用，能够保持身体运动的协调，维持身体平衡。醉酒者之所以会出现"无法走出直线"或是"行动不平衡"的问题，最主要的原因就是小脑细胞对酒精极其敏感。

基底神经节是另一个主要的皮质下运动结构，它包含着 5 个不同的核团。基底神经节任何一部分的损伤都会影响动作的协调性，不同的损伤位置造成的运动障碍形式也大有不同。受到不同损伤的影响，人类所具备的姿势的稳定性和运动间的精妙平衡被无情地打破，从而产生十分严重的后果。我们在这里主要介绍两种最为常见的病症：亨廷顿舞蹈症和帕金森病。

亨廷顿舞蹈症是一种退行性障碍，患者一般在 40～50 岁时开始出现临床症状。这种疾病在最初发作时并不明显，患者的精神状态逐渐改变：易激惹、神志不清、对日常活动失去兴趣。随着病程的不断发展，逐渐可以发现患者的运动出现异常，比如笨拙、平衡有问题，并且会不由自主地不停运动。这样的非自主运动，又称为舞蹈症，会逐渐支配正常的运动功能。患者的手臂、腿、躯干和头可能不断地运动且姿势扭曲。

事实上，在 17 世纪，科技尚未发达，那时亨廷顿舞蹈症不被大众熟知时，在至少两个大陆上，亨廷顿舞蹈症患者都会被指控使用巫术而遭到处决，因为病症发作时使他们看上去像是被邪恶的精神力量所控制一般。

亨廷顿舞蹈症造成的神经缺陷还不仅限于运动功能。随着运动问题不断恶化，患者还会发展出皮质下类型的痴呆症。患者可能会出现记忆缺陷，特别是在对新运动技能的学习上，并且在问题解决任务中很容易犯错误。

亨廷顿舞蹈症目前还无法被治愈。通过对患者的尸检发现，亨廷顿舞蹈症患者的大脑皮质和皮质下区域有大面积的病变，基底神经节的萎缩也明显可见，纹状体的细胞死亡率高达90%。

另一类广为人知的基底神经节疾病就是帕金森病。帕金森病分为阳性症状和阴性症状，分别指肌肉活动性的提高或降低。

阳性症状包括静止性震颤和肌肉强直。震颤是帕金森病的首发症状，大多会由一侧上肢的远端其他手指开始震颤，然后逐渐扩展到同侧下肢以及对侧的上下肢。这类的震颤频率大概在每秒4~8次，时而可以受到人为意识的控制，但却没有办法持久控制。在患者激动或者疲劳时震颤会尤其加重，睡眠时消失。

帕金森病的阴性症状是姿势和行进异常，运动功能减退及运动迟缓。帕金森病患者会失去正常的平衡功能。当他们坐着时，头可能不断向前下垂；而当病人站着时，重力作用会逐渐把人向前拉直到失去平衡。患者会出现运动功能减退，也就是自主运动的缺失或减少，他们的表现就像是牢牢定在一个姿势上不能改变一样，且在其试图发起一个新的运动时这个问题尤其显著。许多患者发明了一些小窍门以帮助克服运动功能减退。例如，一位患者拄着拐杖走路，不是因为需要它帮助保持平衡，而是因为它能够为其提供一个视觉目标以帮助其开始运动。当他想要走路的时候，他把拐杖放在右脚前，用脚踢它，促使自己克服惯性并跨出第一步。只要运动开始了，动作就显得正常了，尽管往往很迟缓。同样地，帕金森病患者可以用手拿物体，但整个动作进行的速度很慢。

记忆与注意

作为学生，你最怕在课本上看到的话是什么？我相信大部分同学都会回答是"背诵并默写全文"。我们总是感叹，要记得东西太多，脑力和时间却永远不够，考前熬夜复习的晚上，幻想拥有某种玄学或吃哆啦A梦的"记忆面包"能帮我们变成"量子速读小天才"。

记忆这件事总是让我们又爱又恨，不过先不用着急，虽然世界上没有"记忆面包"这种考试神器，但提高和改善记忆力却是有迹可循的。希望通过这节内容的学习，能够让你了解人类的记忆，并找到适合自己的记忆方法。

照相式记忆是真的吗

回想一下，你在生活中有没有遇到过这样的同学：他似乎有过目不忘的本领，背书就像吃了哆啦A梦的"记忆面包"一样轻轻松松。我就曾遇到过这样的学生，据她描述，在初中时她可以用一个午休的时间背下半本政治书上的内容，考试时，书本的内容就像照片一样印在她脑海里，甚至可以前后翻阅。听了她的描述，大家都感到十分羡慕，相信你们也是一样的。不过,这种照相式记忆真的存在吗?如果存在,我们能不能学会呢?想要知道问题的答案,就要先搞清楚记忆形成的过程——我们是怎么记住东西的?

总的来说,记忆包含了 3 个阶段:编码、储存和提取。你可以把大脑想象成一个图书馆,里面可以分成 3 个区域:大厅叫"瞬时记忆",从外界接收的所有信息都聚集在这里等待下一步指示,有的记忆在这里待了一会儿就离开了,有的记忆则被大脑看中留了下来,从而进入另外 2 个区域——"短时记忆"馆和"长时记忆"馆。对这 2 个场馆的介绍将在下一小节中详细展开,现在我们先来了解被看重的信息是怎么留下来的。

你注意过图书馆藏书的书脊最下方所贴的标签吗?它通常由 1 位字母加 4 ~ 6 位不等的数字组成,可别小看了这个标签,有了它,熟悉图书馆的人就可以从琳琅满目的书中高效、准确地将目标定位,这就是编码的重要之处所在。类似地,大脑也会对将要储存的信息进行编码,给它们贴上独一无二的标签。不同的人看到同样的东西,会形成不同的编码,贴不同的标签,这些标签在认知科学中被称为"心理表征"。

心理表征包含了对信息的原始加工和心理加工。比如,考试取得了好成绩,父母奖励了你期待已久的礼物。当大脑编码这个信息的时候,会同时在脑海中涌现出这个礼物的形状、颜色、收到礼物时的喜悦心情、父母的表情,等等。除了这些简单直接的信息外,还有一些更深层次的信息也会出现:比如,你下定决心继续好好学习,或者要好好珍惜这个来之不易的礼物等,这些都是编码后的心理表征。

完成了编码，信息就可以正式入驻大脑这个图书馆了。接着便进入记忆的第2阶段：储存。有的信息被送往"短时记忆"馆，有的信息被送往"长时记忆"馆。这个过程能不能很好地完成，与记忆的类型、个人的记忆能力以及大脑的健康情况等息息相关。

第3个阶段是提取。默写时绞尽脑汁地回忆书上句子的过程，就是大脑在进行记忆提取的过程。我们都有过这样的体验，有些知识点在考场上死活想不起来，越是紧张，大脑似乎就越空白，但是一出考场没多久就想起来了。这说明，记忆储存没问题，只是在考场上提取时出了问题。为什么提取过程会出问题呢？有两方面的原因：首先，可能是记忆的第1阶段——编码做得不够细致，就像整理文件时，文件说明写得越简单，事后查阅起来就越费劲；其次，可能由于过于紧张的情绪，人在紧张和焦虑时会分泌一种叫作皮质醇的激素，少量的皮质醇可以促进学习和提高注意力，但是大量的皮质醇会严重影响记忆的形成和提取。因此，如果在考场上遇到这种情况，不妨放下笔，做1分钟深呼吸，使自己冷静下来再继续答题。

了解完记忆的3个阶段，我们再回到最开始的那个问题：照相式记忆真的存在吗？在回答这个问题之前，我们再来做个小实验。现在，请仔细观察图3-8，10秒后再继续往下阅读。

图3-8　五个图案

现在，请回答以下几个问题：这张图里有几个图案？分别是什么？它们的颜色呢？排列顺序呢？

如果你刚才有意识地记忆了这张图，那么你也许都可以回答上来，但假如你没有刻意去记，相信你凭"印象"也能回答上来 1～2 个。不过，刚才你回想的时候，脑海里的"印象"究竟是什么？

在专业术语中，这种即使并未刻意注意，但当你足够快地提取它时，会发现它仍在那里的记忆叫作瞬时记忆。由于瞬时记忆和视觉、听觉、味觉等紧密相关，因此又称感觉记忆。你能够在上课走神被老师点起来重复最后一句话时有惊无险地回答问题，也是它的功劳。感觉记忆的容量很大，能包含许多信息，且由听觉保存的感觉记忆（又名声像记忆）会比由视觉保存的感觉记忆（又名图像记忆）保留的信息更多、时间更长。不过无论是图像记忆还是声像记忆，它存在的时间其实非常短暂，只能维持几百毫秒到几秒。当我们希望用感觉记忆来进行系统回忆的时候，往往已经来不及了。

如此看来，这种感觉记忆并不是我们要找的照相式记忆。

实际上，"照相式记忆"也有一个专业的名字，叫作遗觉像。与我们靠感觉记忆记住的模糊图像不同，据有这种能力的人描述，他们记忆中的图像与原始的图像一样生动，并且看起来好像是在"头脑之外"，而不是在"头脑之中"。不仅如此，它可以持续数分钟，甚至数日。遗觉像较多地出现在 6～12 岁的儿童之中，大约只有 5% 的儿童具有这种能力，且年龄越大，发生率越小。心理学家推测，这种能力的消失可能与儿童形式运算思维或者语言技能的发展有关，随着儿童不断发展语言和表达能力，遗觉像能力就会相应退化。

说到这里，我只能遗憾地告诉你，这种照相式的图像记忆实际上是不存在的，至少在你长大之后是这样。不过别灰心，正所谓"条条大路通罗马"，想要提高记忆能力，虽然照相式记忆不靠谱，但读一遍就能背诵的记忆能力还是存在的。至于这种记忆要怎样练成呢？这里先卖个关子，会在后续的学习中为你解答。

既视感是怎么回事

可能我们都听说甚至亲身经历过这种情况：走在熟悉的路上，突然感到莫名的危险，全神戒备地观察之后发现果然有可疑的人在附近游荡；老师曾经叮嘱过你，考试时遇到一道不确定的选择题，各种分析都用上了却仍不确定的时候，一定要相信自己的第一直觉；偷偷打游戏，即使将电脑提前关机散热，却还是被父母一下识破……

这些现象背后，就是生活中十分常见的——直觉在作祟，也有人把这种神奇的体验称为第六感，认为冥冥之中是宇宙的神秘力量在指引自己。

实际上，直觉的背后，涉及记忆里一个重要的概念：记忆的内隐作用和外显作用，简单理解就是记忆的"内化"与"思考"。比如，父母下班回家，进了家门之后，他们知道这是自己的家，而非走错到了隔壁。如果在这之前你偷偷打了游戏，动过鼠标、键盘、转椅，父母就能立刻察觉，虽然此时他们可能还不知道你动过什么东西，但就是感觉不对——可能是鼠标的位置被移动了，或者椅子的角度被转动了。这些细节，父母回家前可能并不记得原本的样子，但此时就是能知道不对劲。这就是记忆的内隐作用。如果你反问：这些东西和原来怎么不一样了？父母就会巡视房间并开始思考：是鼠标的位置不对？还是转椅？这个过程就是记忆的外显作用，需要做有意识的回忆。

其实，直觉就是一种经验法则，是无意识的内隐记忆起了作用，虽然并不一定准确，但总归是有迹可循的。但这时你可能会有疑问：为什么有时候我明明能确定自己之前从未去过某地，却还是产生了"我好像在哪里见过这个地方"的强烈直觉？据调查，70% 的人都有过类似的经历，可能是某段对话、某种场景布局或者某种味道突然触发了某个开关，让你对过去未经历的事产生了浓浓的既视感。这到底是怎么回事呢？

在"照相式记忆是真的吗"中我们了解到，记忆的第 1 阶段是编码，大脑会给需要保存的信息贴上若干标签，今后只要经历符合这些标签，大脑就根据线索唤醒这段记忆。既视感可能就是由于当前场景与你的真实记忆或虚拟记忆相似而产生的。

对于前者，即"没有发生过，但与真实记忆相似"可以用以下原因解释：大脑中对相似度识别起作用的区域是顶叶皮层和海马回，这个系统"工作失误"时，会读取与现实相似度不到 100% 的记忆，也就是说，可能场景相似 70% 以上，大脑就把它看作当前场景的记忆来读取。

而对于后者，即"没有发生过，但与虚假记忆相似"的解释则更多一些：一种解释是由于你的关注点被打断，等注意再次回归时就会出现似曾相识的感觉。这是由于大脑负责处理接收到信息的左侧颞叶会收到 2 次相同的信息，这 2 次信息传递的路径不同：第 1 次是直接抵达，第

2 次则要先绕远到右侧颞叶再传回左脑，两者之间的延迟是毫秒级的。但如果第 2 次到达时延迟稍长，大脑就会把这个迟到的信息标记为已处理过的，从而让你产生似曾相识的感觉。另一种解释是这个场景可能在梦中出现过。梦中大脑会产生很多场景，正常人每晚会做 4 ~ 6 个梦，虽然梦中场景的素材都是来源于你的记忆，但组合起来却可以是全新的记忆。然而，梦很少会留在外显记忆中，大部分都存在内隐记忆，醒来后，没有被记住的梦就好像沉入了意识的水中，很难被回忆，这也是很多人一觉醒来觉得自己没做梦的原因。这些"水下"的梦境记忆由于索引非常少，甚至可能只有几个模糊的间接索引，即使被某个场景或某句话所触发，让你产生似曾相识的感觉，也无法找到这段记忆的前因后果、具体信息。因为梦中的事件本来就是跳跃的，就算再努力想，你也想不到何时何地有过相似的感受。

大脑的内存与硬盘

在"照相式记忆是真的吗"的介绍中，我们曾提过大脑图书馆还有另外两个场馆："短时记忆"馆和"长时记忆"馆。事实上，它们二者之间既有区别又有联系，用"内存"与"硬盘"或许可以更好地解释它们的关系。电脑的"内存"和"硬盘"相信大家并不陌生，前者是一个临时存放信息的小仓库，影响电脑的运行速度，内存越大，电脑能够快速调用的信息就越多，但是内存中的信息会随着电脑的关机而丢失；后者是一个大仓库，存放着电脑的所有信息，这些信息会在需要时被调出到内存中临时储存，但本身存在硬盘中的信息却不会因为电脑关机而清零。用一个简单的例子来比喻就是：你从口袋里掏瓜子吃时，硬盘就相当于口袋，其大小决定了你能装多少瓜子，而内存就是你的手，其大小决定了你一次能抓多少瓜子出来。

在介绍大脑的"内存"——短时记忆之前，你可以自己做个小测试：对于一串十几位的随机数字，只看一遍，你能记住多少？如果你能全部记住，那你的记忆能力算是相当不错的了。这个能记住的项目数量叫作"记忆广度"。其实关于短时记忆，我们在第 1 章中介绍认知心理学时就已经有所提及。短时记忆是一种持续时间非常短（仅比感觉记忆长几秒）的记忆形式，它是在感觉记忆的基础上，施加了注意成分所形成的。还记得米勒发表的那篇关于短时记忆广度的研究报告吗？他在报告里提到，一般人的短时记忆广度在 7 个项目左右。你可能觉得，这也太少了，像刚才测试的那十几个随机数字，不说全部记下，但你好歹也能记个八九不离十。为什么会有这样的感觉？

这是因为，在进行短时记忆的时候，大脑往往使用了其他信息加工方式来扩展记忆广度。那么，你是如何做到的呢？除了第 1 章里提到过的"组块"法，复述也是一个常见的方法。比如，进入一个新的班级，你可能没法一下将所有同学的名字都记住，但是如果多发几次作业，每次都在心里复述同学们的名字，随着次数的增加，就能成功地记下所有人了。

要学习短时记忆，有一个重要的概念一定不能错过，那就是"工作记忆"。在有些文章中，工作记忆和短时记忆所表示的是同一个含义，不过在本书我们对这两个概念做以下区分：工作记忆代表一种容量有限的，在短时间内保存信息，并对这些信息进行处理的过程，因此被喻为"思维的画板"。其内容可以源于感觉记忆的感觉输入，也可以从长时记忆中提取获得。工作记忆概念的出现是为了扩展短时记忆的概念，除了在较短时间内的记忆外，工作记忆还有非常重要的功能，那就是信息加工和认知操作。简单来说，工作记忆仿佛一座桥梁，连接了感觉记忆与长时记忆，负责前者的写入和后者的读取，以及信息编码的储存。

如图 3-9 所示，工作记忆可以分为 4 个成分：中央执行系统、语音环路、视觉空间画板和情景缓冲区。事实上，它们 4 个不是平行关系，而是中央执行系统下辖另外 3 个成分。中央执行系统就像团队的领头人，负责帮你将注意聚焦在相关信息上，同时协调语音环路、视觉空间画板和情景缓冲区这 3 个团队成员对信息进行整合。

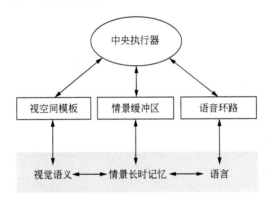

图 3-9　工作记忆理论模型

你默读时头脑里会有声音吗？在语言记忆过程中，尤其是非母语的记忆过程中，我们常以声音的形式加工语音信息，默读时头脑里的声音就是语音环路在帮助我们提高短时记忆的一种表现形式。当然了，你会发现如果进行的是快速阅读，那么脑海里的声音就会因为跟不上眼睛的移动速度而逐渐消失，此时的阅读是直接从视觉到意义，跳过了语音通路。但是这种现象只能发生在我们熟悉文字内容的情况下，对于之前不了解的新字或非母语的阅读环境，默读是不可避免的。

视觉空间画板，顾名思义，就像一块画板，它能将所有的空间位置在大脑中展示出来。比如我让你回忆你在学校的座位，你的脑海里就会出现对应的画面。《神探夏洛克》中福尔摩斯的脑海里有一座记忆宫殿帮助他记忆，这个宫殿的打造就是利用了视觉空间画板。而情景缓冲区则类似于大脑的中转站，它一方面收集新信息，另一方面也从你的长时记忆中提取信息，同时把两方面的内容整合起来，变成我们可理解的信息。

如果说短时记忆是大脑的内存，那么长时记忆就当之无愧的是大脑的硬盘了，进入长时记忆的信息，可以在大脑里储存相当长的时间。长时记忆又可分为陈述性记忆和非陈述性记忆，实际上，就是我们之前提过的外显记忆和内隐记忆。前者可以通过我们有意识地回忆和再认而提取，比如你对学骑自行车那天（事件）的记忆，或者对自行车这一物体（事实）的记忆；后者则是一种无意识的记忆关联，比如学会骑车后，你坐上自行车就能自然而然地蹬脚踏板。

给大脑的硬盘升升级

本章最后，我们来解决大家一直关心的问题：怎样提高记忆能力？

不知道你有没有过这样的经历：从客厅走到卧室，刚一进去，忽然就忘了自己要去干什么；出门前惦记着一定要带某样东西，出门之后发现还是没带；明明锁了门，但是下楼后就开始忘记自己有没有锁门……
这些情况让不少人非常担忧：自己是不是痴呆了？

不要担心，绝大部分人，尤其是像你这样的青少年，还远远到不了
痴呆的临床症状，甚至离轻度认知障碍都还相差甚远。如果还是担心，
可以上网搜索"简易智力状态检查量表"测试一下自己的认知情况，这
是临床上筛查总体认知功能最常用的方法之一。测试完这个量表之后，
相信你就可以完全放下心来了。

尽管如此，现代社会确实有越来越多的人或多或少地出现了记忆上
的困扰。之所以强调现代社会，是因为在信息技术飞速发展的当下，无
处不在的互联网确实在很大程度上影响了我们的记忆。

一项哈佛大学的研究发现，当人们知道自己所需要的信息可以在网
上查到时，大脑就倾向于遗忘这些信息。由这项研究诞生了一个词——
谷歌效应。人不可能记得住所有事，且大脑会自发地对获取的信息进行
分类标记。显然，对于容易获取的信息，大脑就没什么必要将它们都储
存起来。因此，人们以为被大脑储存下来的信息，其实大多被遗忘了，
这种现象就是谷歌效应。可见，互联网的出现虽然令知识获取变得十分
方便，却也改变了人们的学习和记忆方式。当我们认为某个信息可以通
过搜索轻易获取时，对这个信息本身的记忆便减淡了，取而代之的是增
强了对去哪里找到这个信息的记忆。

这项研究提示我们，移动互联网给我们生活带来的变化远比想象中
的大，只是很多人没有意识到。诚然，信息技术的进步并不算是一件坏
事，手机、计算机、互联网、云盘等，都变成了大脑的延展，只是我们

的大脑在这个过程中自适应地调整了对信息的记忆和加工策略。简单地说，就是很多信息我们都"不往脑子里去了"。那么在这样的时代背景下，我们该如何提升记忆能力、给大脑的硬盘维护升级呢？

在这里，有 3 条建议：

首先，多练习工作记忆。上一部分中，我们提过工作记忆可以看作是感觉记忆和长时记忆的桥梁，具有优秀的工作记忆能力往往代表可以在短时间内完成记忆的编码和储存，这有利于之后的提取。因此，你可以刻意地进行一些记忆训练，比如在规定时间内背下一篇课文或固定数量的单词，或者在路上无聊的时候试试能记住多少过往车辆的车牌号等等。

其次，采用多种编码形式。在本章开始的 2 个小节中，我们已经详细地介绍了编码对记忆提取的重要性。心理学家通常认为，编码的标签越接近语义，提取时就越有效。意思就是，根据某个词的使用含义去编码，对于这个词的记忆就更扎实。在此基础上延伸出来的理论就是，对于一个信息的编码方式越多，后期也就越容易提取。比如对于一个知识点，你上课认真听讲，课后及时完成作业，考前又认真复习，同时还能帮同学解答相关的问题，那么，你对这个知识点的掌握就比仅单纯反复背书的同学要好得多。

最后，主动地让"注意"参与到记忆过程中。还记得这一节内容的标题吗？——记忆与注意。虽然本章用大量的篇幅去介绍了什么是记忆，以及关于记忆的一些常见现象，但实际上注意对于有效记忆的重要性同样不可忽视。注意是人们留意一些东西的同时忽略另一些东西的能力，影响着我们如何分析感觉输入、编码加工输入的信息。认知科学研究中有这样一个有趣的理论：当我们和朋友在一个鸡尾酒会或某个喧闹场所谈话时，尽管周边的噪声很大，我们还是可以听清朋友所说的内容。这一现象为称为鸡尾酒会效应。它反映了在同一时间可以进入意识的信息量是有限的，我们不可能注意并同时处理所有作用于我们感觉器官的事物和刺激，大脑会帮我们选择性地注意一些重要的信息，而屏蔽其他事情。因此，在记忆的过程中，如果有太多的干扰因素分散了大脑对信息的注意，就很难对信息做出有效的编码。集中注意力，对信息进行更深入的编码，有利于短时记忆向长时记忆的转化，这样就能减少转身就忘的情况发生了。

可见，想要提高记忆能力，甚至做到"读一遍就能背诵"，其实并没有捷径可走，它需要你不断练习、不断努力以及全神贯注地投入。就像爱迪生说过的那样："天才就是 1% 的灵感加上 99% 的汗水。"

小结

在本章中，我们首先介绍了视觉、听觉、嗅觉、味觉和触觉 5 种感觉，它们是人类认识世界的基础，让我们可以感知周围的环境。之后，进一步介绍了大脑的 2 个高级认知能力：运动控制、记忆与注意，阐明了这些功能相关的心理过程和神经机制，以及生活中与这些功能相关的常见事例。

"脑机接口"走进我们的生活还有多远

4

　　你是否幻想过用意念或者精神状态去操控机器，解救肢体功能障碍患者？随着不同工程科学的进步，为提高相关工作的安全性和有效性，降低系统的整体复杂性，减少执行任务所需的时间，同时增强系统能力，各种跨学科工程和人类协同集成设计的需求日益增加。这促进了机器控制的发展。机器控制是指从人体器官或神经系统中获取电子生物信号，然后从获得的信号中提取出特征，以此来确定人体的身体或精神状态和意图，最后，将不同的人类意图作为一种适当的控制命令转变成机器的物理动作。在这样的背景下，"脑机接口"逐渐走进我们的生活。

脑机接口技术

什么是脑机接口技术?

在过去的十几年中,脑机接口(brain-computer interface,BCI)成了一个非常重要的研究课题。通过解析大脑神经元放电信号得到分类指令,实现对外部设备(如脑控外骨骼、脑控轮椅等)的控制,脑机接口在医疗、军事、神经娱乐、认知训练、神经生物经济学等方面都有所应用。

2000年,第一次国际脑机接口技术会议将脑机接口定义为不依赖周围神经和神经的正常输出通路的通信系统。沃尔帕(Wolpaw)在综述中很有说服力地阐述了这一原则:"脑机接口将电生理信号从仅仅反映中枢神经系统活动转变为该活动的预期产物——对世界的信息和命令。它将反映大脑功能的信号转变为该功能的最终产物:像传统神经肌肉通道的输出一样,这种输出实现了人的意图。脑机接口用电生理信号以及将这些信号转换为动作的硬件和软件取代神经和肌肉以及它们产生的动作。"

脑机接口是一种基于计算机的系统,可实时采集、分析脑信号并将其转换为输出命令,涉及神经科学、机器学习、信号处理、机械工程、心理学等多个学科。通过脑机接口技术可以实现许多功能,如意念打字;士兵在战场上通过大脑远程操作机器人或无人机作战,可以减少人员伤亡;肢体功能障碍患者可以通过大脑控制物体移动等,比如轮椅行驶。类似以上这些情况的通过脑机接口技术最终实现脑和外部设备相互交流

的方式称为脑 - 机器人交互。

在没有任何其他肌肉运动的情况下，脑机接口通过使用精神思维来控制外部装置的设备，从而在没有任何其他帮助的情况下提高残疾人的生活质量。作为一种新的意识输出和执行形式，用户必须有反馈才能提高它们执行电生理信号的性能。就像婴幼儿蹒跚学步、运动员或者舞蹈家完善自己的动作，用户的神经变化与输出必须与自身表现的反馈相匹配，才能调节优化整体表现，达到预期的目标。因此，大脑需要对行为反馈适应，脑机接口技术也应该能够进化到适应不断变化的用户大脑，以实现功能优化。这种双重适应要求用户和计算机都需要一定程度的训练和学习。计算机和实验对象的适应能力越强，所需的控制训练就越短。

脑机接口技术的实现共包括下述四个主要因素，如图4-1所示：

① 信号采集。脑机接口系统所记录的大脑信号或信息的输入，然后将该信号进行数字化以便分析。

② 信号处理。将原始大脑信息转换成有用的设备命令，这既包括特征提取，确定信号中有意义的变化，也包括特征转换，将信号变化转换为设备命令。

③ 设备输出。由脑机接口系统管理的命令或控制功能，这些输出

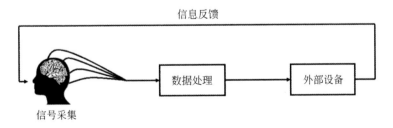

图4-1 脑机接口技术的实现过程

可以是简单形式的基本文字处理和通信，也可以是更高级别的控制，例如驾驶轮椅或控制假肢。

④ 操作协议。系统开启和关闭的方式，这是指用户控制系统如何运行的方式，包括打开或关闭系统，提供何种反馈以及反馈的速度、系统执行命令的速度，以及在各种设备输出之间切换。

脑机接口技术的前世今生

1929 年，人类脑电波的发现者——汉斯记录了人类脑电波活动后，利用思想控制机器便从虚构的想象逐渐进入科学探索阶段。1934 年，科学家艾格和马修开发了获取脑电波信号的脑电设备。同年，生理学家费舍和鲁文发现脑电波信号中的尖峰信号，第一个脑电图实验室在波士顿建立。1940 年，来自西北大学的生物物理学教授富兰克林开发一种脑电图模型来检测动作时的脑电波。1950 年，威廉·瓦特发明脑电地形图，以描绘头皮周围的电活动。这项技术为神经学家和研究人员识别大脑信号记录提供了途径。脑机接口这个词可以追溯到 20 世纪 70 年代杰克斯设计的一个使用视觉诱发电位的脑机接口系统。从那时起，计算机技术、机器学习和神经科学的进步使得各种各样的脑机接口系统得以发展，脑机接口技术的探索逐渐火热。1969 年，华盛顿大学医学院利用猴子进行脑电生物反馈的研究。1980 年，施密特利用微电极将长期侵入性脑机接口连接系统与中枢神经系统连接以控制外部设备。20 世纪 90 年代，杜克大学的尼可莱里斯完成对老鼠运动脑电波的初步研究，从脑电波中收集的信号被转换成思维来控制机器人。在 2000 年，尼可拉斯成功地在一只夜猴身上实现了侵入性脑机接口技术，它通过操作操纵杆来重建手臂运动以获取食物。经过升级后，猴子能够通过视觉反馈控制机器人手臂的运动，通过视频屏幕上移动的光标来抓住物体。2014年，科学家通过脑电图与经颅磁刺激技术实现无创的脑对脑直接交流。2019年，科学家利用人工智能将脑信号转化为语音并进行播放。图4-2中展示了脑机接口技术的发展史及标志性事件。

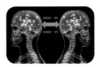

德国科学家首次发现脑电信号
1924年

通过脑机接口控制机器人
1990年

通过脑机接口实现直接脑对脑交流
2014年

1968年
利用猴子进行脑电生物反馈的研究

1999年
中国开始脑机接口研究

2019年
通过脑机接口直接合成语音

图4-2 脑机接口技术发展史及标志性事件

近些年，各国纷纷将脑机接口纳入重点研究的方向。2012年，加拿大创造了具备简单认知能力的虚拟大脑；2013年，美国政府正式提出"推进创新神经技术脑研究计划"，同一年欧盟委员会宣布"人脑工程"为欧盟未来10年的"新兴旗舰项目"；2014年，美国重点资助了9个大脑领域的研究，包括著名的"DAPPA"大脑计划、"阿凡达"计划；2015年，加州理工学院的科研团队通过读取病人手部运动相关脑区的神经活动，成功帮助一位瘫痪10年的高位截瘫病人通过意念控制机械手臂完成喝水等较为精细的任务；2016年，荷兰乌特勒支大学的研究团队通过脑机交互技术，使一位因渐冻症而失去运动能力及眼动能力的患者通过意念实现在电脑上打字，准确率达到 95%。

中国在该领域的起步相对较晚，不过国内高校在脑机交互技术研发方面非常踊跃，清华大学、天津大学、浙江大学、北京理工大学、华南理工大学等高校在脑机接口的研究中处于领先地位。近些年，我国也逐步增加了在脑科学领域的投入，从 2010 年的 3.48 亿元，2013 年的近 5 亿元，到近几年数十亿元的资金投入，充分体现了中国在该领域取得突破的决心。

近年来，脑机接口研究主要集中于运动想象和稳态视觉诱发电位（运动想象和稳态视觉诱发电位是实现脑机接口系统的两种不同方案）。国内的很多研究小组在稳态视觉诱发电位 - 脑机接口领域取得了不错的成绩，比如清华大学的生物工程研究团队在稳态视觉诱发电位的信息传输率研究上处于世界前列；华南理工大学李远清教授带领团队研究混合脑机接口系统在稳定性和可靠性上取得良好的成绩；2016 年 10 月，由天津大学神经工程团队负责设计研发的在轨脑 - 机交互及脑力负荷、视功能等神经工效测试系统随着"天宫二号"进入太空，完成国内首次太空脑机交互实验。2018 年，华南理工大学的研究人员对非植入式脑控双机械臂进行研究，实现脑控双机械臂的运动，并且优化实现了对机械臂稳定性和协调力的控制。与此同时，从 2000 年开始举办的国际脑机接口竞赛，大大推动了脑机接口技术的研究。北京也举办了两届脑机接口比赛，此比赛要求参赛团队全方位完善脑机接口系统，从系统优化到性能评估，从离线到在线竞赛方式，大大提高了脑机接口技术的研究水平，部分成果在国际高影响力期刊上发表。

医疗领域中的脑机接口

让"假如给我三天光明和声音"成为现实

大家一定对海伦·凯勒的故事不陌生。这位美国女作家出生于19世纪，幼年因病失去视觉和听觉，但即使生活在一个没有光和声音的世界里，她仍然刻苦学习和写作，《假如给我三天光明》鼓舞了一代又一代人。然而，如果海伦·凯勒出生在当今时代，"三天光明"甚至"三天听觉"都有可能在脑机接口技术的支持下成为现实。

相信大家都对《黑客帝国》系列电影记忆犹新。在《黑客帝国》中，现实世界的人类通过在身体里插入连接器的方式实现和"母体"世界的连接，人类的意识可以通过这个"接口"进入电脑，所有的知识都能够以数据的形式下载到大脑里，每个人都可以在短时间内迅速学会功夫、甚至成为一名全能型"学霸"。这便是典型的"侵入式"脑机接口。

随着脑科学研究的深入，以及脑机接口技术的高速发展，脑机接口技术正逐步从科幻世界渗透到现实生活。利用大脑信号直接操控外部机器，以及利用外部信号刺激绕过神经系统，直接对人的大脑产生刺激等电影中才能看到的场景，已经逐步在现实世界实现。至此，不少科学家做出了与《黑客帝国》男主人公尼奥相同的抉择，在"蓝红药丸"中选择了红色药丸，致力于利用脑机接口技术攻克如今医疗领域面临的诸多难题。

通过第3章的学习，我们知道人眼是人体工程学上的一个奇迹，是人类最重要的感官之一，也是我们的心灵窗户。人体所有感官的受体有 70% 位于眼睛，大脑皮层中有 40% 被认为与视觉信息处理的某些方面有关联。每个人都希望自己的眼睛明亮又健康，能够清楚地看到这个美丽的世界，感受一切色彩与光明。然而，当今全球仍有 5000 多万盲人，至少有 22 亿人受到不同形式的视力障碍，2.85 亿人（该数据来自于 2021 年欧洲议会残疾人论坛）视力受损，对于他们来说，恢复正常视力，甚至重见光明都是一个遥不可及的梦。然而在脑机接口技术的存在的支持下，一种不需要视觉刺激系统直接参与，而是通过将光学信息直接发送到大脑的视觉皮层，从而让大脑直接获得基本视觉的方法已成为可能。那么这种利用脑机接口技术实现视觉的"人工眼球"（如图 4-3所示）是怎么工作的呢？

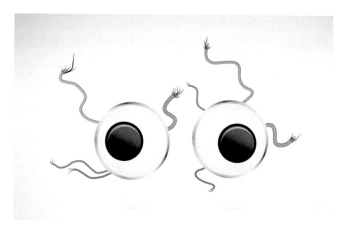

图 4-3 "人工眼球"概念图

首先我们再来复习一遍视觉产生的机制。我们知道光是人类视觉刺激的关键。光本质上是一种电磁辐射，可以通过刺激视网膜从而产生视觉。电磁波按波长可以分为无线电波、红外线、可见光、紫外线、X 光和伽马射线，可见光又根据不同波长分为红色、橙色、黄色、绿色、青色、蓝色、紫色等颜色。人眼只能对其中很小范围，即大致为380~740纳米的波长，产生视觉。人眼接收的是物体反射的光，我们看到的世界是五颜六色的，这是由于物体的可见颜色取决于其吸收或反射的光的波长，例如一般植物的叶子反射绿色的波段，吸收其他颜色波长的波段。

人的眼睛本质上是一个复杂的光学感应器，由角膜、瞳孔、晶状体、玻璃体、视网膜、感光细胞等结构组成，功能上与照相机比较类似。照相机成像的原理是，光通过一系列光学元件后，完成折射和聚焦，穿过光圈孔到达成像平面，从而形成图像。人眼的各种结构实现类似的基本功能：角膜和晶状体实现聚焦功能，虹膜类似光圈控制装置，可以控制光通量，光通过这一系列结构后落在几乎透明的视网膜上，直至其最深的一层色素上皮层，然后反射回布满感光细胞的相邻层。感光细胞根据形状的不同分为视杆和视锥，从色素上皮层反射的光刺激感光细胞后，改变了其电性能并释放神经传送体刺激相邻的神经元，从而使神经脉冲在细胞间传递，传至神经节细胞的轴突后通过视神经和视觉盲点传至大脑的视觉皮层，最终形成视觉。

对于绝大多数盲人来说，视觉受损的主要原因是眼睛或视神经受损，而大脑皮层的视觉中枢可以正常工作。因此，为了更好地解决视觉受损的医学难题，科学家们致力于开发一种"人工眼球"设备，可以绕过受损的眼睛或视神经，直接将外界图像信息传输到大脑皮层，从而形成视觉。

基于脑机接口的人工眼球不再依靠感光细胞、视觉神经元，也不利

用视觉细胞光信号 - 电信号的转换过程，而是利用体外处理器将图像信息进行人工处理与编码，将光信号直接转换为电信号，再通过插入的微电极阵列传导到大脑皮层的视觉中枢进行刺激，形成视觉。具体来说，"人工眼球"系统在大脑皮层的视觉中枢上植入微电极阵列，再将植入物与外界的图像采集设备、图像处理设备配对，其中图像采集设备为一副中央安装了摄像机的眼镜，用于采集眼前的图像信息，图像处理设备用于光信号和电信号之间的转换，同时将信号传输到大脑皮层。人工眼球工作时，摄像机捕捉进入使用者视野的图像，并将这些图像信息发送到计算机，计算机对其进行人工处理与编码，将其转换成电信号，并传输到微电极阵列。电极对视觉神经系统进行刺激，使盲人形成视觉。

早在 1996 年，来自美国犹他州的犹他大学的研究人员就成功开发出了这种"人工眼球"。在他们的实验中，研究人员将排列着 100 个长度为 1.5 毫米、面积为 12.96 平方毫米的针状金属薄片电极植入失明患者大脑皮层，成功让其产生了"光幻觉"，患者可以描述研究人员预测的颜色，并且随着光斑的位置转动眼球。然而，为了帮助盲人患者形成视觉，仅仅呈现光幻觉是远远不够的。我们知道电子屏幕是由一个个像素点构成的，因此有人提出，如果电刺激视觉皮层产生的小光点的视觉感知能够结合成连贯形式，类似电子屏幕上的像素，是不是就可以在盲人患者的大脑皮层形成一幅完整的图像了呢？

为了让"人工眼球"更好地帮助盲人看到世界，2020 年 5 月，国际顶级期刊《细胞》上发表了一项来自美国贝勒医学院丹尼尔教授团队的研究成果，该团队通过动态电流电极刺激大脑皮层，成功在失明患者脑海中呈现了指定的图像。丹尼尔教授表示："当我们使用电刺激在患者大脑上直接追踪字母时，他们能够'看到'预期的字母形状，并正确识别出不同的字母。他们把这些字母描述成发光的斑点或线条，就像正常人看到天空中出现的字母一样。"该团队对传统的电极进行改进，结合电流转向和动态刺激，通过对电流进行精准控制，依次激活不同的电极，实现字母或图片轮廓的绘制。如此看来，帮助盲人"看到"更复杂的信息，实现他们看清世界的梦想指日可待。

除了视觉外，听觉也是人类感知世界的一个重要渠道，是人类与外界沟通最重要的手段之一。然而，听障人士也是一个庞大的群体，全球大约有 4.66 亿人和海伦·凯勒一样患有残疾性听力损失，其中 3400 万人是儿童，且这一数字仍在上涨。他们因为听觉障碍影响了与外界的交往及生活质量，因此利用脑机接口技术恢复听觉也是我国医疗技术发展的一个重要方向。"人工耳蜗"是我们最早开发并成功应用的脑机接口技术之一，它可以为患有严重感音神经性耳聋且传统助听器无效的人提供人工听觉。"人工耳蜗"又是怎么工作的呢？

在了解人工耳蜗（如图 4-4 所示）的工作原理之前，我们再来复习一下听觉的产生过程。听觉的产生比较复杂，一般是声音通过空气传导。我们平常看见的"耳朵"，其实是外耳的耳郭部分。耳郭负责收集外界的声波，使其顺利汇聚入外耳道，通过耳道引起鼓膜的振动，进而引起和鼓膜衔接的中耳的听小骨的振动。听小骨的振动将声波转化为压力波，传递给耳蜗。耳蜗之所以叫耳蜗，是因为形似蜗牛壳，但耳蜗里充满液体和毛细胞，液体的扰动会造成毛细胞弯曲，毛细胞就会制造神经

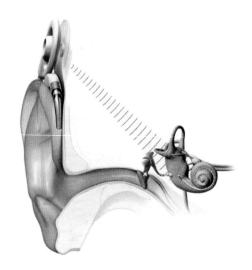

图 4-4　人工耳蜗结构图

信号，信号通过内耳神经，传导入大脑皮层中的听觉中枢，从而引起听觉。

　　人工耳蜗不再依靠外耳、中耳的传导和放大功能，也不通过从声信号到电信号的转换过程，而是靠体外处理器将声音转为电信号并直接刺激听神经，再传导到听觉中枢产生听觉。人工耳蜗主要包括植入体和体外机两个部分。体外机负责接收声音，并将其转换成按语言信息编码的电信号。植入体通过植入式手术放置于耳后的颞骨表面，参考电极植入骨膜下，工作电极植入耳蜗内，植入体接收到电信号后，电脉冲通过电极通道序列刺激神经，从而产生听觉。

　　看来，如果海伦·凯勒出生于 21 世纪，在脑机接口技术的支持下，她不仅能实现"假如给我光明"，还能够重获声音，拥抱这个五彩斑斓、鸟语花香的世界。未来脑机接口领域还将创造怎样的医学奇迹呢？让我们一起拭目以待！

帮助肢体残障患者重新"动起来"

据中华人民共和国民政部统计，截至 2021 年，我国 60 岁以上的老年人数已达到 2.67 亿，目前我国老龄化趋势非常严峻。随着各类残疾人和长期卧床的老年人数不断增加，如何助老助残已经成为一个十分严重的社会问题。随着人 - 机器人交互技术的发展，机器人在助老助残、医疗康复等领域扮演着日益重要的角色。机器人有望为老年人和残疾人提供居家养老、残障人士主动护理和神经系统疾病患者主动康复等全方位的服务，为提高生活质量、保证我国社会的稳定发展发挥重要作用。

近些年来，脑机智能技术的快速发展，为人与外部世界提供了一种全新的沟通交流方式。例如，脑机接口可以使失去活动能力的患者恢复其语言功能、行为表现等，如实现语言功能丧失患者的外界交流；辅助四肢完全丧失功能的残疾患者在无人照看的情况下操作轮椅；帮助渐冻症、脑卒中等患者提高生活质量与生存能力。研究人员尝试使用脑机智能技术去控制机械臂，外骨骼、控制导航医疗机器人的进行运动，为老年人提供了一种辅助生活的便捷方式。

但是这方面的研究仍存在以下问题：

① 大多数脑机智能系统人机交互做得好，用户体验不好，用户无法实时了解被控外设的位置。很多研究将导航机器人的控制与稳态视觉诱发电位刺激之间的关系割裂开来。

② 传统控制方法效率低下，用户通过控制机器人的前后左右使其缓慢移动到目的地。由于机器人控制算法的局限性加上脑机接口系统的延迟，机器人的控制变得更加困难。

针对上述问题，北京理工大学的脑机智能与神经工程实验室首先搭建了基于脑机接口的脑控智能机器人系统，为患者的术后康复训练提供了平台。首先，为了提高脑电采集设备的精度，该系统将伪迹子空间滤波算法植入到脑电采集设备中；其次，为了增强人与机器的交互以及对

脑控轮椅

环境的感知，设计了基于机器视觉的动态虚拟现实和稳态视觉诱发电位相结合的范式，在真实环境下对物体进行识别与追踪，并使用闪烁块对物体进行标记；基于虚拟现实-稳态视觉诱发电位的在线脑机接口系统，开发脑电预处理算法、特征提取和分类算法，并进行验证，为脑控机器人的应用提供了很好的技术支持；最后，设计了基于人机协调控制的多自由度脑控机器人样机，对各组成模块作了详细地设计和验证，以满足实时的控制任务需求。北京理工大学的脑机智能与神经工程实验室提出的智能机器人系统平台架构如图 4-5 所示。

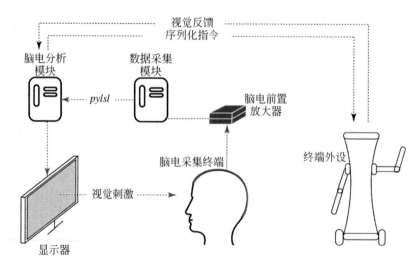

图 4-5　智能机器人系统平台架构

　　北京理工大学的脑机智能与神经工程实验室提出的智能机器人系统平台主要包含以下两项核心技术：

　　① 设计了基于机器视觉的动态虚拟现实和稳态视觉诱发电位相结合的范式。传统的稳态视觉诱发电位脑机接口控制系统无法与现实世界进行交互，长时间的闪烁刺激容易引起人类视觉方面的疲惫，影响识别精度。为了增强人与机器的交互以及对环境的感知，该系统设计了增强现实和稳态视觉诱发电位结合的范式，在真实环境下对物体进行识别与追踪，并将闪烁块对物体进行标记。

脑控机器人

　　② 搭建了基于人机协调控制的多自由度脑控机器人设备样机，如图4-6所示，将机器智能与人类智能相结合，脑控作为第一控制指令，机器人在人类智能的决策下执行相应的智能化作业，从而满足复杂的作业任务需求。机器人领域正朝着智能化的方向发展，机器人可以通过传

图4-6　美国国防高级研究计划局意图实现通过"意念控制"远程操控"机甲战士"

感器感知周围的环境和自身的状态，并能进行分析判断，然后执行相应的行动。虽然现实生活中机器人表现出来的智能化水平已经令人惊叹，但离它理想的状态还存在一定差距。在某些方面，比如环境适应能力、自主控制能力和环境感知能力等，机器智能是无法超越人类的。机器智能比较擅长计算机运算，在算法的可推广性方面更具优势，同时也更擅长于长时间运算，但是在逻辑思考能力方面不如人类智能。比如，在避障方面，机器智能经过多年的发展也只能实现简单场合的避障行为，在复杂场合下远远低于人类智能。深度学习技术快速发展，在图像处理、自然语言处理和视频处理等方面表现出了卓越的性能，但是在逻辑思考、危险预判方面还有着非常大的缺陷。虽然人类学习需要消耗比较长的时间，但是人类一旦掌握基础知识之后，便能够进行相关的逻辑思考、类比推流，人类智能的这种优势刚好弥补了机器智能的不足之处。所以，人类智能与机器智能两者相互依存，不可分割，两者是互补的状态。

目前我们国家肢体残疾患者数量呈逐年上升趋势，北京理工大学的脑机智能与神经工程实验室所研发的脑控机器人设备即主要面向肢体功能缺失的患者。同时随着看护成本的增加，许多家庭也急需一台辅助设备帮助肢体残疾患者完成日常生活。

军事领域中的脑机接口

科技强军中的"脑控"技术

你是否曾幻想过通过"意念控制"像阿凡达男主一样骑着"坐骑"驰骋在天空？你是否也希望像阿凡达男主一样拥有第二分身？如果我们

也能够通过"意念控制"体验远在千里之外的美景,那感觉将会多么美妙!我们还可以更进一步地思考,影片中的"意念控制"技术如果能够应用于战争中,将会极大地提高现代战争的效率,降低战争的伤亡。

科技兑换想象,科技不止一次将影视剧中的幻想带到了现实中。幻想是科学的来源,幻想总是会走在科学前面。更为确切地讲,所有科技的进步都源自于人类的梦想,如果没有梦想,人类就不会有研究的动力。现代科技从来不会让我们失望,《阿凡达》中所涉及的"意念控制"已经不再是导演卡梅隆的幻想。其实,"意念控制"就是基于脑机接口技术实现的。脑机接口技术可以让使用者拥有感知外部世界并通过"意念控制"操控物体的能力。《阿凡达》中男主所佩戴的设备就是脑机接口设备,科研人员通过计算机技术解读男主的脑电波信息,将男主的运动意图转化相应动作来驱动阿凡达的身体。

其实,美国国防高级研究计划局早在60年前就已经开始了对"意念控制"的研究。说起美国国防高级研究计划局,就不得不谈一谈这个机构所成立的背景以及所肩负的使命。美国国防高级研究计划局是美国国防部属下的一个行政机构,负责研发用于军事用途的高新科技。美国国防高级研究计划局成立于1958年,当时正值美苏冷战时期,双方积极展开备战,希望能够在军事领域占据领先地位。也就是在这个时间,苏联先于美国在1957年10月4日发射了"斯普特尼克1号"卫星,这使美国感到了前所未有的危机。于是美国国防高级研究计划局顺势而生,肩负着保持美国军事科技较其他的潜在敌人更为尖端的使命,大力从事超前的国防科技研发。如同美国国防高级研究计划局的自述:"从1958

年创立起，美国国防高级研究计划局的最初使命，是为了防止如同'斯普特尼克'发射的科技突破，这标志着苏联在太空领域打败了美国。这个使命宣言也随着时代而演进。美国国防高级研究计划局的任务仍然是防止美国遭受科技突破的同时，也针对我们的敌人创造科技突破。"

　　脑机接口技术是美国军方美国国防高级研究计划局的一个重要研究分支。由于脑机接接口技术能够实现人脑对于武器装备最为直接的控制，能够赋予现代武器装备高度智能化的性能，该技术受到美国军方的高度重视。美国国防高级研究计划局在脑机接口领域投入巨大，通过向一些美国本土的研究机构资助研究经费开展相关研究。2004年美国国防高级研究计划局投入2400万美元用于资助美国杜克大学神经工程研究中心等6个实验室开展意念控制机器人、脑听器、心灵及生理响应系统、无线电催眠发生器等多项"脑机接口"技术产品的研发工作。其中意念控制机器人项目旨在打造可由士兵"意念遥控"的机甲战士，从而可以实现在战场上完成人类不可能完成的任务。2013年美国国防高级研究计划局资助了一项名为"阿凡达"的科学研究项目，目的是在未来使士兵能够通过"意念控制"远程操控"机甲战士"（如图4-6所示），从而代替士兵完成各种战斗任务，这正是从电影《阿凡达》中得到的启发。在2015年，美国国防高级研究计划局立项资助了一项战斗机相关的研究，目的在于赋予战斗机飞行员同时操控多架飞机和无人机能力。直到2018年9月，美国国防高级研究计划局宣称："借助脑机接口技术和辅助决策系统，战斗机飞行员已能同时操控3架不同类型的飞机。"美国空军已经能够利用脑机接口技术提高战斗机飞行员的快速反应能力。

2021年7月，美国发布了《脑机接口在美军事中的应用及建议》，评估了脑机接口技术在军事领域的潜在应用，并且提出了未来可能面临的风险及相应的解决措施。随着科技的发展，世界主要科技强国纷纷意识到脑机接口对科技强国的助推作用，纷纷开始开展相关研究占据主动权。同样，脑机接口技术也是中华人民共和国国民经济和社会发展第十四个五年规划中重点发展的一项关键技术。

未来，脑机接口在军事领域的应用主要可分为以下3个方面：①仿脑技术：武器的"智能"可能接近人类。仿脑技术借鉴人脑的运行机制，开发出具有类脑信息处理机制、仿生认知活动和智能化行动能力的高智能机器人。它的整体智力水平可能接近人类。②脑控技术：利用思想控制对抗武器将成为现实。脑控制技术借助脑机接口等建立人脑与智能设备之间的连接，基于检测到的脑电波信息编译计算机语言，实现人脑与智能装备之间的双向信息传输，实现智能装备的直接控制，减少甚至取代人体肢体运动，最终实现武器装备作战灵活性、敏捷性和效率的飞跃。在脑控技术的支持下，思想战争成为可能，大规模机器人将填充未来战场，人类在复杂战场环境中的生理极限将被打破，人类将可以成为"运筹帷幄之中，决胜千里之外"的决策者。③控脑技术：让敌人受制于己方意志。控脑技术利用外部干预技术干扰甚至控制人们的神经活动和思维能力，导致对方精神失常或幻觉，迫使对方在不知不觉中做出违背自身意愿的决定。控脑技术的关键是监控、收集和干扰大脑思维活动。控脑技术的基本原理是致幻剂效应，即大脑受到外部信号干扰后，被控制方根据信号的意图做出决定并采取相应的行动。

航天员或许也可以"躺平"

近年来，我国的航天事业飞速发展，我们能够直接看到宇航员在船舱中的实时状况。大家都知道，太空中宇航员会一直处于失重的状态，行动是非常不方便的。尤其是进行一些需要出舱的操作时，笨重的太空服会让一些地球上能够轻松完成的动作变得更难更慢。事实上，宇航员们都是经过相当强度的体能训练的，可见在太空中，航天员的行动会受到多么大的限制。而脑机接口技术，成为解决这一问题的可能技术之一。

通过脑机接口技术，航天员直接用思想来输出操作指令，既省去了航天员移动手臂去完成操作花费的大量时间，又减少了体力消耗和精神消耗。航天员只要"趟"在空中，就可以完成一系列运动意图的指令输出，从而完成一系列的飞船隔空控制。2016年，中国"天宫二号"和"神舟十一号"载人航天飞船飞行过程中，两位航天员完成人类历史上首次太空脑机交互。这次测试意义重大，为中国载人航天工程的新一代医学与人因保障提供了关键的科学依据。虽然现今的脑机接口技术受限于速度、容量和传输精度，无法真正应用到航天员身上，但这些局限会随着该技术的发展而逐渐减小。在未来，脑控技术将会给航天员带来更多的帮助，图 4-7 展示了在未来航天员将可以在舱内脑控机器人完成舱外的工作的概念图。

就在 2020 年，中国国家自然科学基金委员会批准了"基于双模态脑信息融合的精细关节运动想象解码研究及脑 - 机接口应用"这一研究

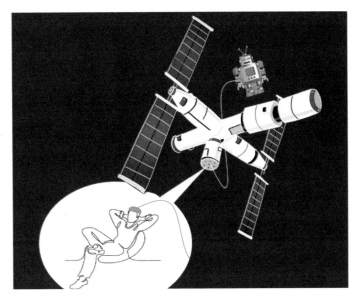

图4-7　航天员未来可以在舱内脑控机器人完成舱外的工作

项目，由中国航天科工集团二院206所着手研究。该项目的研究成果将填补人体复杂精细运动意图识别的理论和技术空白，为推动脑机结合精细运动意图解码技术在康复工程中的实际应用奠定基础，为实现"所思即所动"的人机绝对运动同步系统探索新思路和新途径。

娱乐领域中的脑机接口

当人的头上长出了"萌萌的猫耳朵"

在纷繁复杂的社交场合中，人们常常会感慨：长恨人心不如水，等闲平地起波澜。的确，随着年龄的增长，人们会渐渐地开始掩盖自己真实的想法，或是因为羞于表达，或是为了不让对方失望。小明就时常有这样的烦恼。

　　小明是一个非常爱说话的同学，经常与朋友坐在一起侃侃而谈，朋友也会在恰当的时候回应他。但有时候，朋友内心所想可能是这样的：你说的这些对我而言没有丝毫的趣味，我回应你也只是因为顾及朋友之间的面子。这种时候，小明常常是一直没有发现而一直讲下去。最后，小明的朋友们因为不愿忍受这种感觉而渐渐地和小明的距离越来越远。小明为此很苦恼，后来小红送给了小明一个带有猫耳的发箍，并告诉他在和朋友聊天的时候可以一起戴上，并在聊天的时候注意观察对方发箍上的两只猫耳朵。后来，小明在和朋友交谈的过程中通过观察猫耳的变化，第一时间看到了朋友们的情绪和态度，及时地转移话题。因此，朋友们深切感受到了小明的体贴，逐渐愿意和他待在一起。而小明，也因为善于观察朋友们的喜怒哀乐，身边的朋友也多了起来。

　　你是不是觉得这个发箍非常神奇呀？它竟然可以像二次元的小猫咪一样直率、可爱地表达出你的情绪。其实这个神奇的猫耳发箍在现实生活中已经实现了。近年来，日本的神念科技公司就推出了一款头戴式猫耳发箍，叫作"意念猫耳"（图 4-8）。外观上看起来就是一个装饰有猫耳朵的发箍，但是实际上，这个小小的发箍里却具有可以读取佩戴者思想和精神状态的"黑科技"。当你对事物充满兴趣并专注于其中的时候，两只猫耳会竖起来；当你心情愉悦的时候，两只猫耳会来回摆动；当你情绪低落陷入悲伤时，两只耳朵也会随着你的情绪耷拉下来；当你身心疲倦提不起精神的时候，猫耳也会跟着你一起"躺平"。

　　那么这样神奇的猫耳朵是怎么实现的呢？

　　实际上，"意念猫耳"本质上是一个读取和分析人类脑电波信号的

图4-8 "意念猫耳"可以根据人的情绪不同展现出不同的状态

脑机接口系统。大脑进行思考、情绪和各种行为时，数以万计的神经元协同放电产生电信号，这类电信号可以在头皮表面由电极采集到。通过高敏电压表，可以实时地获取头皮电极处的电位信息，这种信息被称为脑电波信号。人在不同的精神状态或是进行不同的心理活动时大脑产生的电信号也是不同的。所以通过分析头皮电极处采集到的生物电信号，就可以判别出人的所想。

"意念猫耳"一共包含3个电极：一个位于额头处（这里是与人情感活动相关的脑区所在位置），另外两个分别位于人的两个耳垂处（作为参考电极）。采集到的脑电波信号被传输到发箍的内置芯片中进行处理。该芯片集成了情感运算库，可以分析出佩戴者的注意力和放松程度，并将其量化，并进行打分。根据数值大小，对佩戴者的精神状态进行定性分析，按照响应的性格特征，对外面的两只猫耳朵发送控制指令。比如当芯片检测到佩戴者的得分为 90 分，认为他处于注意力非常集中的状态时，会对两只猫耳发送"竖耳朵"的指令，发箍上的猫耳就会通过电机控制竖起来，给人以高度兴奋的感觉。

当"脑控"走进元宇宙空间

在信息技术发达的今天，手机、计算机等电子设备让很多人沉浸其中，网上冲浪，手机购物等，都会给人一种身在家里，心已飞到远方的感觉。《攻壳机动队》《头号玩家》等脍炙人口的科幻作品，给观众们创造了一个个神奇的科幻世界。于是，"元宇宙"这一概念被提出（图 4-9）。"元宇宙"是利用科技手段进行链接与创造的，与现实世界映射与交互

图 4-9　元宇宙为人们的业余生活带来了全新的体验

的虚拟世界，为人们提供了一种新鲜的、低成本的休闲娱乐体验。如何更好地与虚拟世界交互成为当今科技研究的一大热门。为了更进一步提升人们在虚拟世界中的体验效果，目前，一种非常直接的交互方式被提出，即"虚拟现实"。

虚拟现实技术是一种利用计算机生成一种可直接对参与者施加视觉、听觉和触觉感受，并允许其交互地观察和操作虚拟世界的技术。例如，当带上虚拟现实眼镜时，视野内将完全变成用计算机设计好的虚拟世界中，给人一种身临其境的感觉。

同样作为一种更为直接的人机交互方式，脑机接口也在被越来越多地应用在虚拟现实技术当中。比如，在虚拟现实康复方面，患者可以通过监测和控制动画运动来重新训练大脑区域。虚拟现实技术也应用于设计和评估基于脑机接口的假肢，帮助完成日常生活需求。此外，虚拟现实可以为适应现实世界场景的程序提供良好的测试场地，特别是残疾患者可以在过程中学习控制自己的动作或执行特定的任务。

元宇宙在人们的日常生活也有着很大程度的应用。目前，人类就可以利用脑机接口技术操作博物馆向导达到线上参观博物馆的目的。人可以利用事件相关电位信号来控制机器人的导航，用户可以获得一种远程游览的感觉。在新的图形用户界面中，通过聚焦于闪烁的导航箭头来选择命令。

为了简化用户界面，设计者将选择过程分为两部分。每个部分都由不同的事件相关电位诱发。第 1 部分是从输入阶段开始之前。在这种情况下，用户被要求在两个机器人之间进行选择：机器人 1 和机器人 2 决定想要到达的地方，机器人 1 位于计算机科学系，而机器人 2 位于植物园。这 2 个机器人都配备了移动车轮、微控制器、红外传感器、避免碰撞的声呐环和摄像机。即一般来说，第 1 部分可以被认为是从 2 个机器人中选择的，机器人 1 和机器人 2 位于 2 个不同的位置。用户可以根据自己的喜好选择机器人来参观，在选择机器人后，使用屏幕给出导航指令，使用停止按钮停止。所有这些都是通过基于事件相关电位的大脑信号来控制的。屏幕会显示机器人摄像机生成的内容。

另外，在休闲娱乐方面，随着脑机接口技术的融入，虚拟现实游戏中的用户体验也会有大幅度改善。其中，智能球游戏旨在降低压力水平，用户通过放松来移动球，从而学会控制他们的压力。驾驶直升机的游戏可以让用户控制飞机飞行到虚拟世界中的任何一点，体验飞行的乐趣。对于角色扮演类的虚拟现实游戏，用户也可以在具有稳态视觉诱发电位的沉浸式三维游戏环境中可以实现对动画角色的控制。也有一些较为休闲类的游戏，用户也可以通过大脑控制实现艺术设计方面的操作，如绘画、涂色等。

传统角色扮演类游戏中，玩家角色的大多数动作都是系统预设的，玩家通过物理按键来对游戏角色的动作进行操纵，实现有限的交互。而在脑机接口技术支持下的游戏可以实现玩家对角色的自由控制。玩家在元宇宙中可以像现实世界一样用自己的意志控制身体每一个部位的活动，实现与游戏世界的自由交互。用过虚拟现实的玩家们应该了解，在进行游戏时会产生眩晕感，这是因为虚拟现实世界中的虚拟物品缺乏实体导致视觉和触觉产生割裂。而基于脑机接口技术的元宇宙游戏中，由于脑机接口信号的双向传输，玩家会对虚拟世界产生实体感触，你可以感受到晴天时太阳对身体的炙烤，也可以感受到在雨中奔跑时雨点对身体的拍打。

在元宇宙里，玩家的"五感"都可以得到实现。终有一天，基于脑机接口的"元宇宙"，将不再只是一种想象、一种产品、一个空间，而是会成为一种新的"现实世界"。

小结

在本章中，我们首先介绍了什么是脑机接口技术与脑机接口技术的发展史，接着介绍了脑机接口技术在医疗领域、军事领域和其他领域的应用。

在医疗方面，脑机接口技术既可以帮助失明患者重新"看见世界"，又可以帮助听力残障患者重新"听见世界"，还可以帮助四肢残障患者重新获得运动能力；在军事方面，脑机接口技术已经成为世界各大军事强国的竞技场，哪个国家能在脑机接口领域取得突破，哪个国家将能在未来战场占据先发优势；在其他领域，脑机接口技术正在成为未来元宇宙空间的入口，在未来，人们将可以通过脑机接口技术进入在元宇宙空间休息、娱乐和生活。

5 类脑智能发展的人工智能时代

在漫长的历史岁月中，我们一直认为是心在主宰自己的思想，就像人们常说的"心满意足""心想事成""得心应手"……直到人们开始关注大脑，脑科学这一自然科学的"最后疆域"逐渐揭开面纱。随着脑成像技术、大数据、人工智能（artificial intelligence，AI）等领域的快速发展，世界各国对脑科学的研究和探索也愈发激烈。在 2021 年，科技部网站发布通知称科技创新 2030"脑科学与类脑科学研究"重大项目年度申报涉及了 59 个研究领域和方向，国家拨款经费预计超过 31.48 亿元，脑科学研究已经成为科技战略重地。

人工智能被认为是 21 世纪三大尖端技术之一（其他两项为基因工程和纳米科学）。这一浪潮席卷了全球，2018 年 9 月在上海举行的"2018 年世界人工智能大会"吸引了来自 40 个国家和地区的数千名与会者以及数百家大小企业。2022 年 9 月 1—3 日，以"智联世界、元生无界"作为主题的 2022 世界人工智能大会在上海世博中心成功举办，此次大会累计举办活动达 121 场，召集学界、商界以及国际组织等领域 500 余位重量级大咖，总在线观看人次超 6.38 亿，盛况空前。可以说，几乎在社会所有领域（金融、制造、教育、通信、医疗、服务等），人工智能都在以前所未有的速度发展着。说到这里，你脑海中有没有浮现出一些你见过的人工智能呢？让我们跟随本书的脚步走进第 5 章一探究竟吧！

跨入人工智能时代

从 20 世纪被提出到现在，随着相关理论和技术的日渐成熟，"人工智能"已逐步成为一个独立的学科，取得了长足的进步，不仅涉及计算机科学，更涉及心理学、语言学、脑科学等多个学科。"人工智能"的应用体现在日常生活和前沿科技的方方面面，如智能推荐、机器人学、语言和图像处理、博弈、遗传编程等。

人工智能促进美好生活

谈起人工智能学科，就不得不提到达特茅斯会议。1956 年 8 月，在美国汉诺斯小镇的达特茅斯学院（图 5-1）中，达特茅斯学院的数学系助理教授约翰·麦卡锡（John McCarthy）、人工智能与认知学专家马文·明斯基（Marvin Minsky）、信息论的创始人克劳德·香农（Claude Shannon）、计算机科学家艾伦·纽厄尔（Allen Newell）、诺贝尔经济学

图 5-1　达特茅斯学院

奖得主希尔伯特·西蒙（Herbert Simon）等各个领域的佼佼者聚集在这里，探讨一个完全不食人间烟火的主题——用机器来模仿人类学习以及其他方面的智能。虽然很多内容没有达成一致，但这次会议讨论的主题名称被确定下来，即"人工智能"。因此，1956 年也被称为"人工智能元年"。此会议上对人工智能的描述为："如果智能的方方面面都能在多尺度进行精确的描述，而计算机系统能够去模拟的话，那称具有这样能力的系统为人工智能。"

今天，"人工智能"不再陌生，日常生活中已随处可见。比如人脸识别、无人驾驶等，用到了计算机视觉相关技术；语音识别、自动翻译用到了自然语言处理相关技术；个性推荐及广告营销（如浏览器推荐新闻、社交网络推荐好友、购物网站推荐服装日用等）等，则涉及数据挖掘等方面的内容；垃圾邮件和垃圾短信的分类与拦截与分类算法有关。

你是否恍然大悟："哦，原来这些都是人工智能！"人工智能发展迅猛，为人类生活带来了更多的便捷。接下来，重点说说日常生活中应用比较广泛的人工智能。

不知道大家平时是否有使用短视频、微博、小红书以及其他购物软件的习惯，有没有发现用过一段时间之后平台推荐的内容越来越符合自己的品味与喜好，有时候甚至还没有等我们主动搜索，平台已经自动将想要的一些好物推送到了首页，这是为什么呢（图5-2）？难道我们被平台"监视"了吗？其实这主要是推荐系统发挥了重要作用。推荐系统是一种特别的信息过滤系统，可以根据现有的用户信息和数据（包括搜索、评分、点击率、停留时长、互动情况等）进行个性化推荐内容。可以这么想，推荐系统根据不同人的使用情况为每个人制订一张独一无二的"自画像"，这张图像包含体现着我们的喜好、习惯等信息。也可以这样理解，每个用户都有一个专属的"浏览管家"，根据不同的客户实现不同的推送结果。亚马逊就是通过这类推荐引擎达到营业收入提高

图5-2　现代生活应用各种软件

35% 的业绩。与此类似的案例还有个性化穿搭、个性化健身、个性化医疗以及特定风格音乐、书籍、新闻推送等。

从最开始的只能翻译文字到现在可以实现语音（图 5-3）、图片、文件直接读取翻译，从最开始需要设置语言类别到后来的能够自动识别语言体系，翻译软件的不断更新进步为很多学生和工作人员提供了更大的便捷和更好的使用感。翻译软件的背后，是人工智能中的自然语言处理技术，简单来说，就是将可识别的输入文本通过自然语言处理算法输出为特定结构化的数据，其他的应用还包括声音转换、评论或者话题的情感分析，等等。

图 5-3　语音翻译的使用场景

随着社会普遍安全意识的增强，很多小区和公司都在入口设置了面部识别（图 5-4），有效提高安保效率；大家排队做核酸的时候刷身份证进行快速登记；无人机在例行检查时可以实现区域搜索、障碍判断等，从而帮助绘制地图……这一系列的使用场景都是在计算机视觉的支持下完成。此外，该技术在唇语识别、视频文字提取、图像分类、机器人控

图 5-4　面部识别的使用场景

制等方面也有着广泛的应用。

　　在 2022 北京冬奥会中，人工智能的使用无疑给冬奥会加持了浓重的科技色彩，成为北京冬奥会的亮点之一，有负责热红外测温、口罩佩戴检测、公共空间巡控、手部消毒等工作的巡检机器人，也有负责餐饮工作的后勤机器人，还有穿梭于场馆闭环与非闭环区的无人配送车等。另外，人工智能还可以助力运动员动作技术的分析，帮助运动员科学提升训练水平。科技冬奥重点专项"冬季项目运动员专项能力特征和科学选材关键技术研究"课题负责人、北京体育大学运动与健康研究院院长刘卉教授团队利用基于深度学习原理的人工智能技术，解决了"跟得住""识别准""精度高"3 个主要问题，可以进行大范围的高空动作数据采集，实现对视频中人体关节点的自动识别，进而建立起适用于竞技体育和一般生物力学研究的计算机系统——无反光点人体运动自动捕捉人工智能系统。该系统已应用在了速度滑冰、花样滑冰、跳台滑雪、越野滑雪、钢架雪车等项目的训练工作中。其中，在速度滑冰与越野滑雪训练中，该系统已经获取超过 8000 人次的动作数据。

现在市面上非常火热的家居产品，有很多都主打"智能家居"的主题，如智能窗帘、智能灯光控制、智能扫地机器人（图 5-5）以及智能安防。前两款可以根据用户是否居家和具体要求切换不同的情景模式，比如不在家的时候可以换为离家模式，实现家居自动关闭的功能。智能安防是普遍反响比较好的一款系统，尤其家里有老人或者孩子，用户可以通过智能监控实时以及延时查看情况，也能够进行对话，十分便捷，让用户无论何时何地都可以对家庭情况了如指掌。

图 5-5　吸尘器机器人

随着新冠肺炎疫情在全世界范围的扩散，人工智能在防疫方面也展示出了不可忽视的重要使用价值。医院作为可能引起疾病传播的重点公共场所之一，防疫和人员管控至关重要。为筑牢疫情防控屏障，巩固来之不易的防疫成果，商汤科技与上海中医药大学附属曙光医院合作开发了智能流调系统。该系统将商汤科技的"企业方舟开放平台"和曙光医院研究的流行病学调查参数指标系统进行结合，通过高精度的人工智能视觉感知，自动流调相关人员的时空行程与密切接触情况，并且还可以显示流调对象和其周围人员是否规范佩戴口罩。这一技术解决了医院传统流调工作中耗时费力与效率瓶颈的问题。人工智能在追踪接触者、快速筛查和预测疾病发展过程等方面发挥了积极且十分重要的作用。

可以看到，人工智能已经渗入我们生活的众多领域，在很多方面提高了便利性和效率，促进了广大人民的美好生活，提升了幸福指数。人工智能带来的巨大变革不仅体现在日常生活中，在科研领域也有许多杰出的成绩。

人工智能助力科技腾飞

我们知道，人工智能领域的神经网络很大程度上是模仿人类神经元建立起来的，甚至"神经网络"这一名词都是从生物学界引用而来的。那么，在神经网络的雏形之上，科学家们是怎样一步一步地搭建起今天所见的强大而高效的人工智能的呢？科学的发展往往是螺旋上升的，有繁荣和突破，也有冷遇和停滞不前，人工智能的发展历程也是如此。

1980 年，日本科学家福岛邦彦创造性地从人类视觉系统引入了许多新的思想到人工神经网络，搭建了一个全新的神经网络模型，被很多人认为是如今广泛应用的卷积神经网络的雏形。有趣的是，福岛邦彦的初衷是构建一个像人脑一样，能够识别看到的物体的网络，来帮助我们更好地理解大脑的运作，却无意间为现代人工智能的发展奠定了基础。

接下来的 10 年间，关于卷积神经网络的研究始终停滞不前，直到1990 年，科学家杨立昆（Yann LeCun）在福岛邦彦的基础上引入了新的反向传播算法，并且简化了卷积运算的过程，使卷积神经网络初步具备了大规模应用的基础。但这位科学家并没有止步不前，1998年他再次发表了一篇长达46页的论文，提出了一个新的网络模型，并且将自己的方法与当时全部的主流机器学习方法做对比，取得了压倒性的胜利。事实上，这个被命名为"LeNet-5"的网络在基础架构上已经无限接近今天的卷积神经网络了。人们本以为这是人工智能崛起的冲锋号，但由于当时计算机的计算能力较弱，无法训练大规模的神经网络，人工智能的发展在世纪之交又一次陷入了迷失。值得一提的是，杨立昆教授于2019年获得了计算机领域的最高奖项——图灵奖。

直到2012年，在充分进步的硬件计算能力支持下，多伦多大学的亚历克斯·克里泽夫斯基（Alex Krizhevsky）等搭建了比以往的神经网络都要更深的网络，在图像分类的任务中取得了压倒性的优势，令当时所有的人工智能方法望尘莫及。时至今日，这个模型的提出已经被公认为人工智能发展的里程碑。而正因为克里泽夫斯基等搭建的网络，就其本质而言，是以往的神经网络的深层版本，当时的人们发现了深层网络的巨大潜力，并引发了关于"越深越好"的思考，这也成为深度学习蓬勃发展的开端。

发人深省的是，克里泽夫斯基开始钻研人工智能时，已经即将从多伦多大学毕业了。面对毕业前的最后一份工作，他并没有敷衍了事，而是以过人的毅力和创造性的思维，展现了人工智能的广阔前景，为人类的科技进步做出了卓越的贡献。

2014年，依托于博弈论思想，兰·古德费洛（Ian Goodfellow）搭建了"生成对抗网络"。今天我们所见到的人工智能，已经能够根据描述生成逼真的人脸图像，对真实的人脸图像进行风格上的转变。甚至，人们只需要指定一种风格，比如"学生"，人工智能就可以生成成千上万的可以以假乱真的"学生"的高清图像，这些强大的功能都是在"生成对抗网络"的基础上实现的。

时间来到 2015 年，科学家们已经在"越深越好"的道路上遇到了重重阻碍，他们发现，人工智能的规模越大，神经网络的层数越深，训练就越艰难，而取得的效果也很难令人满意。更令人迷茫的是，随着网络层数的加深，很多人工智能模型的能力居然发生了退化。深度学习该如何发展？深度学习是否还有未来？这两个问题在当时引发了大规模的讨论。在这个决定人工智能何去何从的十字路口，华人科学家何恺明带着他的"深度残差网络"横空出世，一锤定音地开启了人工智能的黄金时代。"深度残差网络"的提出，使得深达几十层甚至上百层的神经网络依然可以被训练和应用。这是第一个在图片分类任务上超越人类的人工智能模型，也是第一个在工业界繁荣发展，被大规模应用于各种科技产品中，从方方面面改变人类生活的人工智能模型。时至今日，"深度残差网络"依然运行在世界各地的人工智能研究机构的计算机中，运行在全球各大科技公司的产品中，它的各种变体已经成为人工智能领域的通用框架。同时"深度残差网络"也是人工智能学术研究中的一个标杆，科学家们每提出一种新的人工智能模型，都要首先证明：我们的方法并不弱于数年前的深度残差网络。

2016 年，人工智能终于以一种别样的方式出现在大众的视野中。

在"深蓝"打败国际象棋大师加里·卡斯帕罗夫（Garry Kasparov）后，人工智能向人类棋类运动的最后一块领地：围棋发起了冲锋。在2016年之前，大众普遍认为，由于围棋运动更依赖于人类玩家的直觉，人工智能挑战顶尖的人类选手还需要很多年。但得益于深度学习和树形搜索策略，阿尔法围棋（AlphaGo）首次实现了人工智能对人类选手的胜利（图5-6），并使得"人工智能"这个名词与科学研究脱钩，以一个崭新的科技产品的形象为人所熟知。

图5-6　人工智能与人类围棋博弈

2017年，科学家们将目光转向了人类理解机制中的一个重要部分：自注意力。他们观察到，人类在理解文字或图像时，往往能捕捉到文字或图像内部各个成分间的联系，并将关注点放在与其他成分联系最紧密的少数几个组成部分上。受此启发，科学家们将这种注意力机制引入人工智能领域，使得人工智能在自然语言和图像理解上取得了重大突破。今天，我们可以与人工智能对话，可以让人工智能理解我们的语音指令，可以让人工智能根据上下文补充文章中的缺失部分，甚至可以让人工智能进行文学创作，这些科技进步都得益于自注意力机制的提出与发展。

过去 10 年，是人工智能发展历史上一个令人难以置信的高速发展和多样创新的时期，许许多多的科研成果不断颠覆传统认知，许许多多曾被认为是天方夜谭的科技产品走进日常生活。随着人工智能的不断发展，人们对于"智能"的理解也越来越深刻。我们不禁期待，未来人工智能又会取得怎样的累累硕果呢？

类脑智能与未来

正如第 1 章中所描述的那样，"中国脑计划"的其中一个应用层面是脑机智能技术，面向类脑智能产业，主要包括两点：脑机接口和类脑研究。脑机接口主要研究大脑和机器之间的联系，在本书的第 4 章已经进行了详细介绍，这里就不再赘述。类脑研究是未来智能的基础，是下一代人工智能需要的理论研究。可以说，类脑智能是迈向未来智能的重要关卡。

人工智能与人脑的"执子之手，与子偕老"

事实上，人工智能领域的突破离不开脑科学的启发。许多先驱的人工智能科学家也是脑科学家，如艾伦·图灵（Alan Turing）、约翰·麦卡锡（John McCarthy）、马文·明斯基（Marvin Minsky）。大脑之间的神经连接启发计算机科学家开发了人工神经网络；大脑的卷积性质和多层结构又启发了研究人员开发卷积神经网络和深度学习；受到自注意力机制的启发，人工智能在自然语言和图像理解上取得了重大突破……同样，人工智能的发展也使得人类更加关注大脑，促进了脑科学的进一步发展。

脉冲神经网络是源于生物启发的新一代人工神经网络。尽管长久以来深度神经网络凭借计算机的强大算力在很多领域都有所突破，但并不高效。于是人们关注到生物神经的编码方式是离散的脉冲形式，不同脉冲出现的时间序列也是编码信息的重要组成部分。因为大脑动态神经网络中的神经元并不是在每一次信号迭代传播中都被激活，而要在它的膜电位达到阈值才被激活，从而产生脉冲进而再恢复静息膜电位。因此，如果达不到阈值，那么神经元就不会有脉冲发生，膜电位也保持不变。由此人们受到启发，发展出了第三代神经网络——脉冲神经网络。我们可以看出，脉冲式编码更加符合神经元真实的工作状态，这也使得编码更加轻松与自由。

曼彻斯特大学研发的 SpiNNaker，号称"世界最大的'大脑'"，拥有 100 万个处理器核心和 1200 块互连电路板，希望通过模拟人类大脑的行为帮助我们更好地理解大脑的运行机理以及与大脑相关的疾病，例如帕金森病、阿尔兹海默病等。

由上可以看出，人工智能与人脑存在着密不可分的关系，相互促进。但人工智能的发展，也引起了社会对人机关系和相处模式的思考。无论是上面提到的 IBM 开发的象棋计算机"深蓝"战胜棋王加里·卡斯帕罗夫，还是谷歌阿尔法围棋战胜围棋九段柯洁，又或者是 Deep Stack 战胜德州扑克人类职业玩家……伴随着一次次人工智能与人脑的博弈，人们既对它的前景充满期待，与此同时各种舆论也甚嚣尘上：人工智能会取代人脑吗？人工智能能否与人类和平共存……

不知道大家是否看过电影《人工智能》，影片中母亲莫尼卡（Monica）决定收养一个机器人小孩大卫（David），她通过念词程序启动了大卫对自己的爱，从此母亲莫尼卡成为大卫生存的唯一理由，是大卫生命里真正的一束光。而机器人大卫也为莫尼卡带来了前所未有的快乐，治愈了她忧虑的心灵。但最终随着莫尼卡不再信任大卫，为了保护她真正儿子的安全，这个机器人"儿子"被遗弃。其实这部影片主要是为了揭示一个人文核心问题——到底什么才是人类的本质？如果机器人能够与人类无异，具备思考、学习、爱与仇恨等各种高级能力，人类是否会感到威胁？

虽然 AI 对人脑的挑战不会停下，但以现在的发展情况来说，断言人工智能会取代甚至毁灭人脑还言之过早。计算机的出现使得人类开始模拟大脑智慧，人工智能可以说发展到了遍地开花的程度，众多产品已经闯入了千家万户。但人脑的"智能"和这些人工智能是同样的吗？

就目前而言，人工智能还没有达到真正的"智能"，还无法实现像人脑一样思考、运作。尽管人工智能被用于人脸识别、文字识别或下棋等某些目标和规则明确的任务，其在计算速度和准确性方面超越了人类。但这更多的是从大量数据当中寻找规律，机械地对数据拟合与有限的泛化，称其为"数据智能"似乎更加恰如其分。

而人类的大脑是一个复杂的系统，可以根据少量数据得出复杂结

论，能够同时并行处理很多事情，面对新事物能够产出新的知识，能够根据自己的喜好做出选择，具有同理心、情绪、好奇心、创造力、终生学习的能力……人类的大脑是很灵活的，尤其是可以做到举一反三，比如看到外面下着大雨，你不会毫无准备立刻出门，要么拿伞，要么等雨停；天冷了多加衣服；热水要晾一会儿再喝……

　　这样一个个十分日常又简单的行为背后蕴含着复杂的大脑运行机制，但这些对于目前的人工智能来说是难以表达和实现的。换句话说，人类智能的本质在于不断适应环境并能在现实世界中行动与生存的能力。因此，人类智能和我们通常所说的人工智能属于两类不相同的智能进化形态。可以说，人工智能还处在非常初级的阶段，达到与人类智能同等水平的机器人仍然处在科幻小说的世界里。

人工智能的下一个"春天"——类脑智能

　　可以看出若是停留在行为尺度的模拟，这与构造真正意义的智能是不同的。"机器能够思考吗？"艾伦·图灵在20世纪50年代就有此类的思考。之后，美国计算机学会的创会主席埃德蒙·伯克利（Edmund Berkeley）在他的著作中也曾提到"CAN MACHINES THINK? WHAT IS A MECHANICAL BRAIN?"可以看出，机器能够具有思维的能力应该是当时探索计算机作为机械大脑的一批优秀科研人员的美好愿景。

　　过去脑科学中一些复杂的结果，并没有被应用到人工智能中，甚至一些十分简单的原理都还没能在人工智能中实现。就像人类大脑的联接是动态变化的，有的可以生成，有的可以消减。然而，在人工神经网络中所有的联接都是固定的。这种类似的简单脑科学原理应用在未来智能都将产生十分大的影响。

中科院自动化所所长徐波研究员在CCTV-2《对话》节目中访谈时表示，下一代人工智能应该具备三个特点，低功耗、具有自主学习能力、在价值观上实现人机协同。第一，在低功耗方面，虽然现有的人工智能模型结构上部分借鉴了大脑的神经形态，但是它的学习方法上还主要是基于一种叫"误差反传"的数学最优化方法，这就使得能量消耗十分庞大。比如说最近发展出来的大模型技术，训练一个这样的模型碳排放相当于一辆小汽车从地球到月亮的一个来回，而我们人类大脑的能耗仅仅在20瓦左右，二者之间能耗差距巨大。第二，在自主学习方面，上面也提到了现有的人工智能依赖于大量的数据进行封闭式学习，实现自主学习、举一反三等能力十分困难。第三，如果能够在人工智能中实现人类价值观的认同，将会给产业变革带来重要影响。要进一步在人工智能领域实现"里程碑式"的进展，"类脑智能"接过接力棒，成为人工智能研究的"新宠"。

类脑智能是以计算建模为手段，受脑神经机制和认知行为机制启发，并通过软硬件协同实现的机器智能。类脑智能系统在信息处理机制上类脑，认知行为和智能水平上类人，其目标是使机器以类脑的方式实现各种人类具有的认知能力及其协同机制，最终达到或超越人类智能水平。类脑智能是一个交叉学科，需要脑科学、认知科学、算法、硬件、心理学等多种学科的深度融合，它有望弥补传统人工智能的不足，带领人工智能走向下一个春天，迎来技术奇点。

在类脑研发领域，中国一些技术成果走在了前列。例如类脑芯片，清华大学研制的"天机芯"问世,实现了中国在人工智能和芯片两大领域在《自然》上杂志发表论文零的突破。什么是类脑芯片?目前人工智能中神经网络模型的最重要问题就是计算量大导致的算力需求快速增长和算力提升放缓的尖锐矛盾。面对这样的现实环境,我们以期通过类脑芯片解决。类脑芯片是人工智能芯片中的一种架构,模拟人脑进行设计,一旦信号开始在它的"血管"里流淌,就能像生物的大脑一样进行思维,并做出反应,在功耗和学习能力上具有更大优势。例如,阿尔法围棋与人类进行围棋大战时,需要耗费将近1000度电,但是采用类脑芯片后,会大大降低能耗,估计仅用原来能耗的1/300就可以完成同样的工作。而与此同时,运算速度却能达到原来的上百万倍甚至上亿倍。

中国清华大学类脑计算研究中心施路平团队研发的类脑芯片第三代"天机芯",做到了脉冲神经网络和人工神经网络的兼容并蓄,是全球首款异构融合类脑芯片。第三代"天机芯",包含约40 000神经元和1000

万突触，搭载"天机芯"的无人驾驶自行车，实现了语音理解控制、自动避障、自主决策等功能，大家可以在网络上搜索"天机芯"应用于无人自行车行驶的展示视频。我们可以简单理解这两类神经网络的分工：脉冲神经网络负责语音识别、以及对不同神经网络的整合与决策等功能，而人工神经网络负责实现图像识别和物体检测、控制平衡和方向、人类目标跟踪等功能。美国《纽约时报》对此成果评论：这可能是"最接近自主思考的无人驾驶自行车"。"天机芯"是中国在智能芯片研发史上的重大成果，具有里程碑式的意义。

除此之外，2015 年浙江大学也推出了其自主研发的"达尔文一代"芯片，并于 2019 年推出"达尔文二代"芯片；2020 年，浙江大学集成 792 颗达尔文二代芯片组成了一台类脑计算机。在 2018 年的"神经启发计算元素研讨会"上，海德堡大学推出 Brain Scales 芯片，工作速度比普通芯片快 1000～10 000 倍，第二代 Brain Scales 芯片具有片上学习功能。此外，英特尔 Loihi 芯片、高通 Zeroth 芯片、西井科技 Deep-South 芯片、AI-CTX 芯片也都在类脑芯片上努力。不过这些产品距离大规模商业化的程度仍然很远。

我们需要知道尽管在类脑芯片领域已经取得了很多令人瞩目的成果，但这些与人脑的工作模式还存在很大差距。除了类脑芯片，类脑智能未来的发展重点方向还包括脑机接口、类脑智能机器人、机器学习、认知计算、混合现实等。

目前类脑智能整体处于实验研究阶段，中国各科研机构与企业也大多还是处在起步、争相发力的阶段，真正实现相关技术商业化应用还有很长的路要走。要实现真正的"智能"，还需要更多理论的研究与技术的进步。

小结

在本章中，我们首先介绍了人工智能在生活和科研领域的发展与应用，接着探讨人工智能与人脑之间的关系，介绍了类脑智能的现状，最后畅想类脑智能的未来。

类脑智能是一个交叉学科，需要脑科学、认知科学、算法、硬件、心理学等多种学科的深度融合，未来类脑智能的发展与进步需要理论研究的新发现、软硬件层面的新突破以及产品层面的最终落地转化。

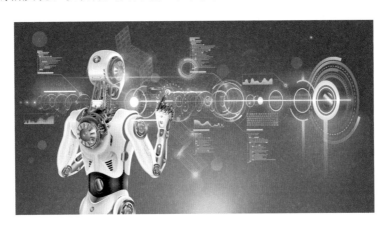

结语

现在，亲爱的读者，大脑探索之旅程即将结束。

脑科学被称为科研领域"皇冠上的明珠"，是研究大脑结构和功能的科学，是理解自然和人类本身的"最终疆域"，是生命科学最难以攻克的领域之一。

通过阅读本书，我们知道了大脑是人体最复杂的器官，包含着上百亿个甚至千亿个神经元，彼此之间通过突触连接等方式构成了一个庞大而又复杂的神经系统，完成思考、记忆、注意、认知控制等成千上万的事情，神经系统损伤则可能带来不同类型的困扰。"我们是如何看到的""我们是如何听到的""我们是怎么记住一件事情的""意识存在于何处""喜、怒、哀、惧、爱、恶，人的七情六欲又由大脑的哪些区域控制"，聪明的你，在书中找到答案了吗？

面对脑科学这一仍未被完全开垦的领域，大国正纷纷起跑，先后启动针对大脑的研究项目。中国也于 2021 年正式启动"脑科学与类脑科学研究"，即"中国脑计划"。时至今日，理解脑的工作机制，对于重大脑疾病的早期预防、诊断和治疗，人脑功能的开发和模拟，创造以数值计算为基础的虚拟超级大脑，以及抢占国际竞争的技术制高点具有重要意义。正如文中描述的，人工眼球、人工耳蜗帮助残障人群正常生活；意念控制从科幻正在逐步走入现实；类脑芯片的研究与开发期望达到模拟人脑处理信息的目的，脑科学研究对计算机、人工智能等领域的诞生和发展产生的深远影响正在不断打破人们的思维边界。

在本次旅程结束之前，作者有几句话想说。从"心智源于心脏"到"思维、情感、智慧皆来自大脑"，探索脑科学奥秘的道路并不是一帆风顺，充满了曲折和坎坷。本书仅对目前的研究成果进行概述，脑科学研究仍处于不断探索的阶段，不同观点错综复杂，一些研究领域也会出现争论和分歧，其实，这是正常现象。毕竟认知角度是多元的，不同观点是可以碰撞的，正所谓真理越辩越明。

青少年是祖国的未来，希望这本书可以让广大青少年更加客观地了解大脑、认识大脑、理解大脑，新一代的研究力量可能就来自各位热爱脑科学的同学们。

参考文献

[1] 贝尔，科勒斯，帕罗蒂斯. 神经科学——探索脑：第 2 版 [M]. 王建军，主译. 北京：高等教育出版社，2004.

[2] 何静. 人类学习与深度学习：当人脑遇上人工智能 [J]. 西南民族大学学报（人文社科版），2017, 38(12):84-88.

[3] 贺文韬. 脑机接口技术综述 [J]. 数字通信世界，2018(1): 73-78.

[4] 胡剑锋. 未来不是梦——脑机接口综述 [J]. 江西科技学院学报，2006(2): 81-88.

[5] 李伟. 认知建模和脑控机器人技术 [M]. 北京：科学出版社，2021.

[6] 林涵，石海明，曾华锋. 从 DARPA 资助 BCI 技术研发看未来军事变革 [J]. 国防科技，2011, 32(5): 52-59.

[7] 加来道雄. 心灵的未来：理解、增强和控制心灵的科学探寻 [M]. 伍义生，付满，译. 重庆：重庆出版社，2015.

[8] 加扎尼加，伊夫里，曼根. 认知神经科学：关于心智的生物学 [M]. 周晓林，高定国，译. 北京：中国轻工业出版社，2011.

[9] 孟海华. 类脑智能的发展趋势与重点方向 [J]. 张江科技评论，2021(2): 67-69.

[10] 地球上的阿葛. 升级吧，大脑！给上进青年的用脑指南 [EB/OL].[2022-10-17]. https://www.zhihu.com/remix/albums/1058016904253419520.

[11] Jenny 蔡健玲. 斯坦福泰斗带你入门心理学 [EB/OL].[2022-10-20].https://www.zhihu.com/remix/albums/931603443288780800.

[12] 肖琳芬. 蒲慕明院士：脑科学与类脑智能 [J]. 高科技与产业化，2021,27(10): 20-23.

[13] 杨廙, 李东, 崔倩, 等. 触觉的情绪功能及其神经生理机制 [J]. 心理科学进展, 2022, 30(2): 324-332.

[14] 叶浩生. 心理学通史 [M]. 北京: 北京师范大学出版社, 2006.

[15] PEI J, DENG L, SONG S, et al. Towards artificial general intelligence with hybrid Tianjic chip architecture[J]. Nature, 2019, 572(7767): 106-111.

[16] 于淑月, 李想, 于功敬, 等. 脑机接口技术的发展与展望 [J]. 计算机测量与控制, 2019, 27(10): 5-12.

[17] 王志良. 脑与认知科学概论 [M]. 北京: 北京邮电大学出版社, 2011.

[18] 曾毅, 刘成林, 谭铁牛. 类脑智能研究的回顾与展望 [J]. 计算机学报, 2016, 39(1): 212-222.

[19] 赵倩, 谭浩然, 王西岳, 等. 脑电采集电极研究进展 [J]. 科学技术与工程, 2021, 21(15):6097-6104.

[20] 张发华, 舒琳, 邢晓芬. 头皮脑电采集技术研究 [J]. 电子技术应用, 2017, 43(12):3-8.

[21] BEAR M F, CONNORS B W, PARADISO M A. Neuroscience: Exploring the brain[M]. 4th ed. Philadelphia: Lippincott Williams and Wilkins, 2015.

[22] GU L, PODDAR S, LIN Y, et al. A biomimetic eye with a hemispherical perovskite nanowire array retina[J]. Nature, 2020, 581(7808): 278-282.

[23] MORRISON I, LÖKEN L S, MINDE J, et al. Reduced C-afferent fibre density affects perceived pleasantness and empathy for touch[J]. Brain, 2011(134): 1116-1126.

[24] JENNY, LIU, BETSY, et al. Google Effects on Memory: Cognitive Consequences of Having Information at Our Fingertips[J]. Science, 2011(333): 776-778.

[25] NEWSOME W T, PARE E B. A selective impairment of motion perception following lesions of the middle temporal visual area (MT)[J]. Journal of Neuroscience, 1988, 8(6): 2201-2211.

[26] NIMET (U)NAY GÜNDO(G)AN, AYSE CANAN YAZICI, AYTEN SIMSEK. 优势眼测量法的研究 [J]. 国际眼科杂志 , 2008(10): 1980-1986.

[27] SOMERS B, LONG C J, FRANCART T. EEG-based diagnostics of the auditory system using cochlear implant electrodes as sensors[J]. Scientific Reports, 2021, 11(1).

[28] POO M M. Towards brain-inspired artificial intelligence[J]. National Science Review, 2018, 5(6): 785.

[29] WICKENS A P. A History of the brain: from stone age surgery to modern neuroscience[M]. Hove, East Sussex: Psychology Press, 2015.